Prof. Dr. Dian Damayanti
Prof. Dr. Esti Royani
Drs. Rusna Ristasa

Internet das Coisas no Livro Biológico

Prof. Dr. Dian Damayanti
Prof. Dr. Esti Royani
Drs. Rusna Ristasa

Internet das Coisas no Livro Biológico

Vírus Corona Cuidados de saúde humana na República da Indonésia

ScienciaScripts

Imprint

Any brand names and product names mentioned in this book are subject to trademark, brand or patent protection and are trademarks or registered trademarks of their respective holders. The use of brand names, product names, common names, trade names, product descriptions etc. even without a particular marking in this work is in no way to be construed to mean that such names may be regarded as unrestricted in respect of trademark and brand protection legislation and could thus be used by anyone.

Cover image: www.ingimage.com

This book is a translation from the original published under ISBN 978-620-5-51986-8.

Publisher:
Sciencia Scripts
is a trademark of
Dodo Books Indian Ocean Ltd. and OmniScriptum S.R.L publishing group

120 High Road, East Finchley, London, N2 9ED, United Kingdom
Str. Armeneasca 28/1, office 1, Chisinau MD-2012, Republic of Moldova, Europe
Printed at: see last page
ISBN: 978-620-7-30169-0

Conteúdo

Prof. Dr. Dian Damayanti, Editor EAI, Igi Global Publisher, IEEE e Mendeley Elsevier Cientista sénior, Gestor de comunidade, Diretor-geral, inovação e negócios Livro, Conselheiro principal, Revisor, Editor-chefe, Comité de trabalho Conselheiro das Nações Unidas Prof. Dr. Esti Royani, Drs. Rusna Ristasa, M.Pd Trabalho Universitas Terbuka

Internet das Coisas no Livro Biológico

Resumo

A Inteligência Artificial é uma tecnologia de ponta no domínio dos cuidados de saúde que emergiu em grande medida da catástrofe humanitária da COVID-19. Nos últimos dois anos, uma vaga de investigação eminente contribuiu consideravelmente para diminuir o flagelo da COVID-19, adoptando diferentes formas de utilização da IdC. A emergência sanitária mundial em curso ensina o mundo inteiro a melhorar e a reforçar a capacidade dos actuais sistemas de saúde, de modo a constituir a base da preparação para futuras pandemias. A probabilidade de desafios de saúde ainda mais graves no futuro deve criar um compromisso convincente para investir no desenvolvimento de serviços de teste e vigilância adequados, na monitorização de rotina da saúde e na deteção dos primeiros sintomas de infeção viral nos novos sistemas de saúde futuristas. Este documento propõe um modelo não invasivo baseado na urina para a monitorização passiva da saúde, a fim de prever a infeção viral por COVID-19 no ambiente doméstico. É composto por quatro camadas notáveis, nomeadamente, aquisição automática de dados, camada de nevoeiro, camada de nuvem e camada de comunicação. Estas camadas mencionadas incluem sensores IoT incorporados na casa de banho inteligente para aquisição de dados, processos e análises dos dados paramétricos da urina utilizando o algoritmo de aprendizagem XG Boost na camada de nevoeiro, vigilância de hospedeiros infectados, e todos os resultados previstos são armazenados e operam na nuvem e na camada de comunicação. Além disso, este documento prevê o roteiro para os investigadores e as fraternidades académicas para a continuação da investigação neste domínio em evolução para uma difusão mais aprofundada do conhecimento.

Palavras-chave: Inteligência artificial, Internet das coisas, COVID-19, Análise urinária, Monitorização passiva da saúde, Sistema de alerta, Computação em nuvem.

CAPÍTULO 1

Internet das Coisas em Biologia
Introdução

Com a pandemia de COVID-19, ressurgiram os debates sobre a natureza mutável da guerra biológica. A guerra biológica ou biowarfare refere-se à utilização intencional de microrganismos e toxinas para prejudicar os seres humanos, os animais e as culturas. Tem o potencial não só de infligir uma mortalidade e morbilidade consideráveis, mas também de criar um elevado nível de pânico, contaminação ambiental e pressões extremas sobre os serviços de saúde de emergência. Embora a natureza da guerra biológica tenha mudado ao longo dos séculos, as armas biológicas podem ser identificadas como sistemas que consistem em dois factores, ou seja, o agente de guerra biológica utilizado como arma e o mecanismo de lançamento.

A história da utilização de armas biológicas demonstra a utilização de mísseis, de seres humanos ou do ar como meios de distribuição dos agentes. Ao longo do tempo, foram surgindo formas mais sofisticadas e subtis de proliferação e disseminação. Os biossensores, para agentes de guerra biológica, servem como ferramentas analíticas simples mas fiáveis para o ensaio no terreno e em laboratório.2 Tais ferramentas analíticas, benéficas para o reconhecimento do agente de guerra biológica e da presença ou diagnóstico de doenças causadas pelos agentes, são necessárias para a adoção de contramedidas adequadas e para a seleção de uma terapia eficaz para as massas expostas. Com a crescente dependência da vida quotidiana dos indivíduos em relação aos modernos sistemas digitais interactivos, a vulnerabilidade das massas aos ciberataques multiplicou-se.

Dado que a Internet das coisas3 (IoT) tem vindo a revolucionar os modos de interação entre os seres humanos e as máquinas, é possível observar uma variedade de aplicações em vários domínios, incluindo a I&D médica, que se juntam às novas formas de criação, entrega e disseminação de agentes de guerra biológica. A infraestrutura IoT altamente ligada em rede contém uma série de circuitos integrados, biossensores e dados de bio-identificação. A recolha de dados e a sua complexidade amplificam ainda mais a necessidade de utilizar tecnologias avançadas para obter uma descrição pormenorizada e estruturada dos dados microbiológicos, por exemplo, os critérios Microbiology Investigation Criteria for Reporting Objectively (MICRO)4.

As bases de dados epidemiológicas também podem beneficiar de dados estruturados. Essas bases de dados são altamente vulneráveis ao acesso não autorizado por parte de adversários, criminosos e organizações terroristas. A maior parte das instalações de investigação médica e dos hospitais utiliza tecnologia de ponta para preservar os microrganismos e as informações relacionadas com as doenças, sendo que as aplicações da IdC fornecem soluções peculiares e eficazes. Alimentada por dados gerados pela IdC, a aprendizagem automática (ML) alterou radicalmente o modo de tratamento dos dados relacionados com os cuidados de saúde, que incluem informações relacionadas com doenças clínicas microbiológicas e infecciosas. Os dados adquiridos a partir de dispositivos IoT são processados utilizando algoritmos de aprendizagem automática em cada etapa do processo de diagnóstico microbiológico, ou seja, desde a pré até à pós-análise, o que ajuda a lidar com as quantidades e a complexidade crescentes dos dados5.

Com o aumento do número de aplicações da IdC nas ciências biológicas, surgiu um grande número de subdomínios no âmbito da IdC, como a Internet das Nano-Coisas (IoNT), a Internet Industrial das Coisas (IIoT) e a Internet das Coisas Médicas (IoMT)6 . O intercâmbio de dados médicos ou relacionados com os cuidados de saúde entre pessoas e profissionais de saúde e dispositivos médicos (sensores, monitores, implantes, etc.) que utilizam comunicações sem fios^ cria mais oportunidades para causar danos biológicos através do ciberespaço. As IoNT podem aumentar a eficácia do fornecimento de kits de defesa para combatentes, que incluem armaduras inteligentes e camuflagem furtiva ativa e sensores medicinais para os proteger de agentes químicos e biológicos e servir de material de auto-cura. 8

1. IoT a guerra biológica: Armação e deteção de agentes

A utilização das tecnologias da informação e da comunicação (TIC) como armas tem sido um novo elemento na guerra do século XXI, e a "guerra biológica" não é exceção. O conceito subjacente de biossegurança, que está vinculado a acordos e tratados, não incorpora a tecnologia como um domínio formal de estudo.

A IdC, um subdomínio das TIC, não deixou de ser explorada como uma ferramenta para a guerra biológica. Um dos principais desafios que se colocam aos agentes patogénicos infecciosos e às toxinas, também designados por agentes de guerra biológica, é a sua natureza de dupla utilização. Apesar de a Convenção sobre as Armas Biológicas (1972) proibir a produção e o armazenamento de agentes de guerra biológica9 , estes podem ainda ser legalmente produzidos e manipulados para fins médicos ou de investigação, onde são inventadas terapias, novos medicamentos e vacinas. Embora os Estados tenham assinado a convenção, o desenvolvimento de agentes patogénicos como armas passou a ser da competência de programas clandestinos de Estados-nação e do terrorismo de actores não estatais. 10

O impacto da utilização destes agentes não é visível imediatamente e só pode ser observado após um período de incubação. Por conseguinte, a rápida deteção e identificação dos agentes de guerra biológica é uma necessidade urgente. Estão disponíveis vários métodos competitivos para a identificação destes agentes. Métodos como a espetrometria de massa, juntamente com a cromatografia e as reacções em cadeia da polimerase (PCR) são algumas das técnicas amplamente utilizadas para a deteção dos agentes.

A biologia sintética alarga a possibilidade de criação de novos tipos de armas biológicas. A síntese de ADN e a edição de genes podem aumentar o número e a gravidade da ameaça dos bioterroristas, como refere um relatório do Departamento de Defesa dos EUA. 12 O relatório identifica igualmente três preocupações de alta prioridade, incluindo a recriação de vírus patogénicos como o Ébola, a SARS ou a varíola. A atual pandemia de Covid-19 foi causada pelo agente pertencente ao grupo de vírus SARS. 13

Uma variante da PCR, denominada PCR de transcrição reversa em tempo real (RT-PCR em tempo real), é o método amplamente utilizado para a deteção do vírus. O processo de transcrição reversa refere-se à conversão do ARN em ADN, seguida da amplificação do ADN para confirmar a presença do vírus. 14 Uma vez que os virologistas procuram desesperadamente soluções para uma vacina precoce, tem-se procurado ativamente uma abordagem interdisciplinar para desenvolver uma monitorização adequada, o rastreio de contactos e o diagnóstico ou deteção do vírus. Estão a ser envidados vários esforços no sentido de desenvolver sistemas portáteis, fáceis de utilizar e rentáveis para o diagnóstico no local de prestação de cuidados (POC), o que poderá também criar uma Internet das Coisas (IoT) para os cuidados de saúde através de uma rede global. 15 O surto de vírus Zika de 2016 levou ao desenvolvimento de um biossensor sensível baseado em CRISPR16, utilizado para detetar uma estirpe diferente deste vírus a baixa concentração. A aplicação da computação em nuvem de grandes dados biomédicos da Internet das coisas, a inteligência artificial e os dados de sinais obtidos a partir de biossensores ou nanobiossensores baseados em CRISPR fornecem dados clínicos no sistema de computação em nuvem. A CRISPR, uma poderosa tecnologia de edição de genes, tem vindo a revolucionar as ciências da vida e a investigação médica. Com a diminuição do custo da tecnologia, os kits CRISPR estão amplamente disponíveis.

Uma grelha bem ligada de biossensores integrados com os sistemas CRISPR/Cas's futuristas para monitorizar o ADN ou o ARN, ligados através de GPS, Wi-Fi e Bluetooth utilizando uma base de dados baseada na nuvem, irá em breve gerar uma enorme quantidade de dados com uma série de aplicações nos sistemas de telemedicina ou de cuidados de saúde electrónicos. No entanto, os dados terão acesso restrito ao pessoal e às instituições autorizadas. No entanto, estes sistemas são altamente vulneráveis a ataques dos adversários, para utilização indevida da informação genética. Com base nos genótipos individuais e identificando as fraquezas do sistema imunitário, a criação de agentes patogénicos sintéticos mais mortíferos torna as futuras guerras biológicas ainda mais destrutivas.

Outro meio de utilização da IdC como arma, na guerra biológica, inclui a entrega e a disseminação dos agentes de guerra biológica. Uma variedade de dispositivos de pulverização, explosivos fracos e recipientes sob pressão podem funcionar como peças para a entrega destes agentes de guerra biológica controlados através de sistemas autónomos ligados em rede. O acesso remoto a estes mecanismos pode permitir que os terroristas levem a cabo o ataque biológico sem entrar fisicamente no território ou nas infra-estruturas.

A Internet dos Corpos (IoB)18 , uma extensão da IdC, refere-se ao acesso e ao controlo do corpo humano através da Internet, em que são utilizados sistemas autónomos de deteção e atuação no domínio da saúde, *também conhecidos por* sistemas de circuito fechado que detectam e actuam em função de uma condição biológica. 19 Os sistemas IoB não só recolhem uma grande quantidade de dados biométricos como também podem alterar o funcionamento do corpo humano. Os conceitos emergentes baseados na IoB, para além dos sistemas formais de cuidados de saúde, que incluem o transhumanismo, o body hacking e o biohacking, são susceptíveis de se tornarem práticas comuns, com o seu acesso através de wearables e smartphones inteligentes. Estas actividades contribuirão não só para a vulnerabilidade dos dados pessoais sensíveis, mas também para um ataque maciço que pode violar a autonomia do corpo da população-alvo20.

2. Atenuar a guerra biológica utilizando a IoT

Para atenuar o desafio da guerra biológica, é necessária uma infraestrutura IoT bem ligada em rede para monitorizar o desenvolvimento e a utilização indevida destas substâncias perigosas para a saúde. A preparação para a guerra biológica é essencial, uma vez que a origem e a identificação das armas biológicas são mais difíceis de reconhecer do que outras armas de destruição maciça. Delegado pelo Gabinete de Investigação Naval, foi empreendido um programa pela Quantum Leap Innovations, Inc. (QLI) para desenvolver, avaliar e demonstrar novas tecnologias de apoio à deteção precoce e à resposta rápida a ameaças biológicas ou químicas. 21 Além disso, uma série de soluções tecnológicas específicas em matéria de conhecimento da situação, planeamento do curso de ação, comando e controlo e integração de dados e processos encontram aplicações na gestão de emergências e na transformação de forças durante a guerra biológica.

A IoT, através de um quadro integrado de guerra biológica, pode fornecer um mecanismo integrado de apoio à decisão para enfrentar os seguintes desafios da guerra biológica:

- Monitorização de um surto biológico
- Identificação da causa do surto e da fonte
- Previsão da exposição potencial
- Planeamento de uma resposta eficaz e de uma estratégia de redução dos riscos
- Notificar as autoridades competentes (tais como hospitais, governos locais, forças policiais, militares, indústrias farmacêuticas, etc.)

As plataformas IoT de ponta existentes, como a abordagem de

aprendizagem semi-supervisionada baseada na Rede Adversária Generativa (GAN)22 para apoio à decisão clínica na plataforma Health-IoT, centram-se noutras condições de saúde que não as doenças pandémicas. Melhora o processo de classificação e facilita a aprendizagem sobre a doença, sugerindo um curso de tratamento adequado. Procurou-se uma plataforma interoperável da Internet das Coisas Médicas (IoMT) baseada em conceitos da Web semântica23 e na arquitetura M2M, tendo os médicos como utilizadores, para alcançar a normalização.

3. A forma como uma cabeça

Os dados biomédicos adquiridos através da infraestrutura da IdC são susceptíveis de ser utilizados indevidamente por adversários e terroristas para ampliar a infecciosidade, a virulência e a resistência às vacinas, aumentando a gravidade da guerra biológica e conduzindo a uma epidemia ou pandemia mais incontrolável. A especialidade biológica de dupla utilização representa o carácter de ser utilizada quer para fins pacíficos, como a medicina, a prevenção e a proteção, quer para fins não pacíficos, como o desenvolvimento e a produção de armas biológicas. A associação da biologia sintética aos dados adquiridos através da Internet das Coisas pode levar à criação de agentes de guerra biológica mais letais. O desenvolvimento de novas estirpes de agentes patogénicos pode desenvolver microrganismos resistentes aos antibióticos com maior capacidade de invasão e patogenicidade dos comensais. 24

A sensibilização de todos os domínios para a utilização da IdC na identificação de agentes patogénicos e toxinas e para a sua entrega e disseminação através de dispositivos ligados em rede pode ajudar as instalações de investigação médica e os sistemas de saúde a reforçar a segurança das suas instalações de controlo e armazenamento de dados.

Os intervenientes na saúde mundial, como a Organização Mundial de Saúde, o Wellcome Trust, o Banco Mundial e a Fundação Bill & Melinda Gates, já desenvolveram planos de ação, protocolos, documentos políticos e programas de investigação.25 Estes abordam algumas das necessidades actuais e cobrem provisoriamente as prioridades emergentes e futuras, incluindo as ameaças de guerra biológica provenientes da biologia sintética e a utilização de meios cibernéticos para o lançamento de ataques. O mapeamento espacial e temporal de parâmetros físicos e biológicos de granularidade fina, associado à redução do desfasamento entre a aquisição e a análise de dados, garante o progresso em direção à análise em tempo real para a identificação de potenciais armas biológicas.

É cada vez mais necessário que as instalações de investigação no domínio da defesa e do Estado dêem prioridade aos sistemas de aquisição e análise de dados em tempo real ligados em rede para a redução do risco de catástrofes e para a resposta a uma preparação eficaz. As leis relativas à partilha de dados genéticos e biomédicos através da nuvem e ao acesso aos dispositivos IoT e IoB têm de ser mais rigorosas. Os debates e deliberações internacionais sobre a guerra biológica e a proibição de armas biológicas devem reconhecer a natureza de dupla utilização dos sistemas em rede e, por conseguinte, trabalhar no sentido de um mecanismo de cooperação para a utilização pacífica e construtiva da biologia sintética, a fim de evitar a eclosão de outra pandemia mais ameaçadora.

CAPÍTULO 2

Arquitetura baseada na urina precoce assistida por inteligência artificial
para o controlo da propagação da COVID-19

1. Introdução

A história da civilização humana é testemunho de que os sectores da saúde e da medicina para a humanidade têm sido persistentemente a principal força motriz do avanço do conhecimento e da tecnologia. Numerosos desenvolvimentos tecnológicos são facilitadores cruciais para renovar os cuidados e tornaram possível testar, monitorizar e tratar os doentes à distância.

A Internet das Coisas (IoT) é a principal tecnologia em expansão no sector da saúde, sobretudo após o início do surto de COVID-19 (C-19) [1]. A IdC tem sido utilizada de forma significativa na pandemia para a realização de várias práticas essenciais, devido ao seu enorme potencial na aglomeração de dispositivos de saúde e de pessoas. É utilizada para procedimentos de tratamento, bem como para actividades de vigilância, a fim de garantir a melhor aplicação das políticas de medidas preventivas aplicadas pelo governo para controlar a propagação da infeção viral.

A integração da IdC e da computação em nuvem está a oferecer soluções muito promissoras e a melhorar a eficiência operacional em vários domínios. A computação em nuvem está a desempenhar um papel vital nos cuidados de saúde, fornecendo serviços e recursos de saúde a pedido que são indispensáveis na monitorização remota dos doentes. No entanto, existem algumas desvantagens da computação em nuvem que não podem ser ignoradas nas emergências médicas, como a elevada taxa de latência, a fraca capacidade de resposta e os erros no intercâmbio de dados devido a problemas de localidade. A este respeito, a computação em nevoeiro ganhou grande popularidade ao vencer esses desafios e ao oferecer uma análise quase em tempo real no extremo da rede [2].

O objetivo de potenciar o ambiente loT-fog-cloud nos cuidados de saúde é alargar o potencial atual destas inovações e tornar-se uma força revolucionária na obtenção de uma maior qualidade dos cuidados prestados aos doentes, na monitorização regular da saúde e na promoção de paradigmas de saúde inteligentes [3]. Doravante, os sistemas de cuidados de saúde devem ser capazes de fazer face a catástrofes de saúde pública a nível mundial e tornar-se também a base para futuras pandemias [4].

1.1. **Domínio de investigação**

A doença do Coronavírus 2019 tem sido o domínio de investigação mais ativo nos últimos dois anos devido à sua natureza altamente transmissível. A partir de 11 de setembro de 2022, foram documentados mais de 630 832 131 casos infectados, incluindo 6 584 104 mortes, de acordo com o painel de controlo da Organização Mundial de Saúde (OMS). Mesmo depois de a vacina contra a COVID-19 ter sido administrada na maioria dos países, estes números não param de aumentar. Estima-se que cerca de 150 milhões de pessoas em todo o mundo tenham mergulhado num empobrecimento substancial durante esta pandemia [5].

Algumas das principais razões que explicam o fracasso do controlo da propagação da COVID-19 são: mutação frequente do vírus no corpo humano ao longo do tempo, capacidades de despistagem insuficientes e inadequadas, má aplicação de estratégias essenciais em locais públicos, como o distanciamento social, a quarentena e os atrasos nas políticas de confinamento em alguns países, escassez de recursos de saúde, sobrelotação dos hospitais, o que resultou não só em atrasos na despistagem da COVID-19, mas também em dificuldades de acesso aos profissionais de saúde para as suas outras doenças crónicas [6, 7, 8].

Esta catástrofe humanitária ensina uma lição para reforçar os sistemas de saúde tradicionais existentes e melhorar a preparação para a próxima crise sanitária mundial incerta. Para atingir este objetivo, está em curso uma vaga de investigação para desenvolver quadros futuristas inovadores que permitam enfrentar os actuais desafios sanitários colocados pelo vírus da COVID-19 e manter a resiliência dos cuidados de saúde para futuras pandemias.

Neste sentido, o presente documento fornece um sistema de alerta de monitorização da saúde não invasivo baseado na urina e assistido por IoT para o prognóstico da C-19. Fornece uma mensagem de alerta em tempo real aos utilizadores e insta-os a seguir protocolos de quarentena e distanciamento social quando são infectados.

1.2. Contribuição e objectivos

Este documento descreve um sistema de alerta de C-19 baseado na urina no ambiente doméstico. É necessário o desenvolvimento de tais estruturas e infra-estruturas que ofereçam uma estratégia para o avanço do diagnóstico baseado na saúde em casa, especialmente em emergências de saúde globais como a C-19 e o vírus da gripe. Na situação atual, é importante detetar a infeção viral durante o seu período de incubação, antes que se torne grave.

A deteção e o diagnóstico precoces de doenças infecciosas são possíveis através da monitorização contínua dos indivíduos, de modo a que sejam tomadas precauções preventivas com antecedência. Este artigo prevê a realização de testes passivos na casa de banho e a deteção precoce da COVID-19 através da monitorização de rotina baseada na urina na plataforma de nuvem nebulosa assistida pela Internet das Coisas. Não só oferece uma monitorização regular do estado de saúde do paciente para a identificação dos sintomas iniciais, como também é capaz de atenuar a curva de transmissão da C-19.

Mais especificamente, o quadro proposto contém o seguinte

-g1--   JJL   JL

características:

1) Obter amostras de urina automaticamente através de um sistema de sanita inteligente com IoT.

2) Oferecer um acompanhamento de saúde de rotina que reduza a necessidade de visitas frequentes ao hospital.

3) Utilizar o algoritmo de aprendizagem XG Boost para a antecipação precoce da infeção por C-19.

4) Fornecer uma mensagem de alerta em tempo real aos utilizadores quando é observada uma elevada probabilidade de infeção por C-19.

5) Facilitar a vida aos doentes, prestando-lhes uma atenção especial por parte da equipa médica em caso de emergência.

6) Vigilância do hospedeiro infetado para a adesão rigorosa às práticas essenciais impostas pelas autoridades governamentais para diminuir a prevalência da C-19.

2. Trabalhos relacionados

Esta secção apresenta o estudo exaustivo da literatura académica recentemente publicada sobre novos quadros baseados na IoT desenvolvidos para a prevenção da COVID-19 e também a implementação de algoritmos de aprendizagem automática em conjunto na plataforma de nuvem de nevoeiro. Além disso, descreve também as recentes lacunas de investigação identificadas neste domínio do conhecimento.

2.1. Quadro inspirado na IoT para a C-19

Sharma et al. [9] propuseram um modelo assistido por IoT para prever a C-19 através da avaliação do nível de imunidade dos doentes. Os autores aplicaram um algoritmo de aprendizagem automática para avaliar os factores responsáveis pela determinação do estado de imunidade do doente. Kumar et al. [10] conceberam um quadro para gerir dados maciços gerados através de dispositivos IoT vestíveis no contexto da identificação precoce e da monitorização do doente infetado com o coronavírus. Além disso, este trabalho demonstrou a gestão eficaz de dados em tempo real sobre as condições corporais do paciente no servidor em nuvem. Yusuf e Quraishi [11] apresentaram o papel das inovações activadas pela IoT para travar a propagação da C-19. Paralelamente, propuseram uma solução para que as pessoas possam identificar a unidade de cuidados de saúde especializada mais adequada, de acordo com os seus requisitos de saúde física.

Otoom et al. [12] desenvolveram um sistema de recolha de dados de sintomas em tempo real para a identificação precoce da existência de C-19 no organismo. A fim de compreender a natureza da infeção viral, propôs a noção de seguir as respostas ao tratamento dos utilizadores que acabaram de vencer a infeção viral. Nasajpour e Pouriyeh [13] fizeram um levantamento das tecnologias baseadas na IoT no âmbito da investigação sobre a C-19. Apresentaram uma panorâmica das tecnologias disruptivas em três fases principais da atual pandemia, nomeadamente o diagnóstico precoce, o período de quarentena e a recuperação posterior.

2.2. Aprendizagem automática em ambiente IoT-fog-cloud

Abdul kareem et al. [14] desenvolveram uma abordagem baseada na aprendizagem automática para o diagnóstico de doentes com C19 em sistemas de saúde inteligentes. Os autores treinaram e testaram três modelos de aprendizagem automática - naive bayes, random forest e support vetor machine. Os testes realizados permitiram concluir que a máquina de vectores de apoio é altamente eficiente em termos de desempenho de diagnóstico e está equipada para lidar com outros desafios de tratamento colocados por esta pandemia. Chakrabarty e abougreen [15] previram a aprendizagem automática e a IdC no procedimento de tratamento da C-19. Este documento preferiu uma tecnologia de imagiologia de raios X e de tomografia computorizada com base na IA para retificar e diagnosticar esta infeção viral ainda mais rapidamente.

Elbasi et al. [16] propuseram um modelo para determinar o risco de infeção viral, empregando algoritmos primários de aprendizagem automática para calcular o risco probabilístico em áreas públicas. Os resultados deste estudo revelaram que o algoritmo de floresta aleatória é um dos métodos mais eficazes e exactos para prever o risco em ambientes com muita gente. Imran et al. [17] fizeram um levantamento exaustivo das tecnologias de aprendizagem automática, cadeia de blocos e IoT no sistema de saúde.

Explorou 263 publicações de investigação para delinear a importância e o âmbito plausível das tecnologias em hospitais inteligentes. Ahanger et al. [18] propuseram um modelo de arquitetura de quatro níveis, utilizando um ambiente de nuvem IoT-fog para prever a infeção por C-19 no corpo humano. Especificamente, utiliza redes neurais temporais para fazer uma previsão. Os quatro níveis incluem, respetivamente, a recolha de dados, a classificação dos dados, a extração e a extração de dados e a previsão.

2.3. **Deteção de infecções virais com base na urina**

Peng et al. [19] efectuaram um estudo para identificar o ácido ribonucleico (ARN) C-19 no sangue, esfregaços anais, esfregaços orofaríngeos e amostras de urina. Os resultados do estudo mostraram a presença de infeção viral em amostras de urina, apesar de o doente não apresentar sintomas relacionados com o trato urinário. Can et al. [3] testaram e analisaram a alteração dos sintomas do trato urinário inferior em indivíduos infectados com C19. Os autores revelaram que os sintomas do trato urinário inferior eram consideravelmente elevados no grupo de doentes idosos com C-19, em comparação com o grupo de doentes mais jovens.

Isto indica que esta infeção viral começa a afetar significativamente o trato urinário inferior no seu período de incubação. Ling et al. [20] recolheram e examinaram diferentes amostras biológicas de pacientes hospitalizados infectados para avaliar o comportamento do ARN viral. Observou-se que o ARN vital foi subsequentemente identificado nas fezes, na urina e na mucosa gastrointestinal. No entanto, também foi determinado que a transmissão da C-19 através da urina e do sangue é comparativamente modesta. Nomoto et al. [21] examinaram a presença de C-19 nas amostras de urina apresentadas.

Os autores investigaram a gravidade da C-19 com base na urina, incluindo os estados ligeiro, moderado e grave dos pacientes. Gupta e Singh [22] introduziram um sistema inteligente para prever a infeção de urina. Os autores utilizaram o algoritmo XG Boost no ambiente de nevoeiro para analisar os factores de risco de infeção de urina no corpo do paciente. Da mesma forma, Bhatia et al. [23] apresentaram um quadro baseado em casa para a previsão de infeção de urina. Ele delineou a arquitetura de quatro camadas IoT-fog- cloud para prever o risco de contaminação da urina. Utilizou uma rede neural artificial temporal para avaliar a medição probabilística da infecciosidade na urina submetida.

2.4. Lacunas de investigação

Após uma investigação cuidadosa da literatura científica recente, observou-se que a investigação publicada neste domínio do conhecimento é muito limitada. A maior parte da literatura académica publicada referia a utilização de amostras de urina para prever infecções urinárias, sintomas do trato urinário inferior e diabetes. Existem muito poucos estudos de investigação que oferecem a identificação precoce de doenças infecciosas em casa através de uma amostra de urina. Entre eles, tanto quanto é do nosso conhecimento, nenhum trabalho de investigação recente forneceu um sistema de alerta precoce baseado na urina para prever a existência de C-19 em casa e assegurar simultaneamente medidas preventivas de distanciamento social a nível individual com os vizinhos. Este artigo propôs um sistema de alerta precoce inspirado na IoT para a determinação da C-19 com base na urina no ambiente de nevoeiro, abordando as actuais lacunas de investigação.

3. Quadro proposto

O quadro proposto inclui quatro camadas importantes, nomeadamente, a aquisição automática de dados, a camada de nevoeiro, a camada de nuvem e a camada de comunicação, como se mostra na Figura 1. Todas as funcionalidades necessárias para atingir os objectivos globais do sistema são atribuídas a estas quatro camadas. Cada camada é responsável pela realização das suas tarefas definidas. A camada de aquisição de dados é responsável pela recolha automática de amostras de urina através dos sensores incorporados na sanita. A camada de nevoeiro é responsável pelo processamento de todos os dados paramétricos obtidos, pela previsão da existência de C-19 utilizando o algoritmo de aprendizagem automática XGBoost e pelo envio de mensagens de alerta em tempo real aos utilizadores e às unidades de saúde mais próximas. A camada de nuvem é responsável por armazenar todos os resultados previstos pela camada inferior, os relatórios de testes laboratoriais recebidos das autoridades de saúde, a vigilância em linha do hospedeiro infetado e a transmissão da informação sobre o doente infetado aos seus conhecidos, com o objetivo de manter o distanciamento social.

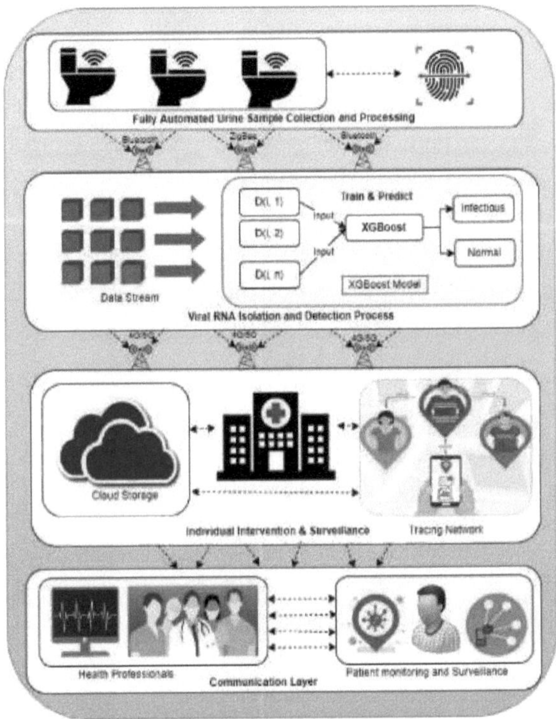

Figura 1: Arquitetura proposta de quatro camadas baseada em Uirne

3.1. Camada de aquisição de dados totalmente automatizada

A aquisição de dados é a primeira camada superior do quadro proposto que fornece a funcionalidade para detetar a informação paramétrica relacionada com a amostra de urina através das sanitas inteligentes. Adquiriu dados e explorou as propriedades bioquímicas e físicas da urina utilizando a tecnologia de sensores avançados incorporados na sanita inteligente. Os parâmetros relacionados com a urina incluem a cor da urina, o odor, a gravidade específica, as cetonas, o potencial de hidrogénio, a glicose, as drogas e a contagem de células sanguíneas, etc.

Os valores numéricos dos parâmetros da urina obtidos são transmitidos à camada de nevoeiro para processamento posterior através de tecnologias avançadas de comunicação sem fios, como o Bluetooth, que proporciona uma latência muito baixa com um consumo mínimo de energia, e o Zigbee, que proporciona uma eficiência energética segura com baixas taxas de transmissão de dados. São necessários numerosos sensores para obter dados relacionados com a urina, como um sensor ótico para a creatinina na urina, uma vareta para os nitritos na urina, um hidrómetro eletrónico para a gravidade específica, um cateter para a temperatura, o potencial de hidrogénio e a pressão, e um fotocélula para medir o nível de oxigénio no sangue. Raspberry-pi para avaliar os parâmetros de temperatura e cor. Quando um doente usa a casa de banho, esta detecta automaticamente as informações necessárias sobre as propriedades da urina e envia-as para a camada seguinte em formato numérico, sem intervenção humana. Além disso, pode ser utilizado um scanner de impressões digitais ou um scanner de resposta rápida (QR) para a identificação rápida dos utilizadores registados [24].

Tabela 1: Sensores IoT incorporados para análise urinária

Tipo de sensor	Medição
Sensor ótico	Creatina na urina
Dipstic	Nitrito na urina Electronic
Hidrómetro	Gravidade específicaGrau de fibras
Sensor	Proteína urinária
Cateter	Temperatura, PH, Pressão
Ftoplentimograma	Nível de oxigénio no sangue
Raspberry-Pi	Cor e densidade

Segurança da transmissão de dados: São utilizados vários protocolos para garantir a segurança da transmissão de dados de alta qualidade das redes de sensores IoT para o servidor Web. No modelo proposto, os autores utilizaram o protocolo Transport Layer Security (TLS) para a transmissão segura de dados. O protocolo TLS é o sucessor do protocolo Secure Socket Layer, que é amplamente utilizado para a transmissão segura de dados. O TLS baseia-se no protocolo de autenticação de mensagens com hash, que garante a integridade e a autenticação dos dados durante o processo de transmissão da origem para o destino. Além disso, o TLS também oferece uma elevada segurança e fiabilidade com uma baixa taxa de latência.

3.2. *Camada de nevoeiro*

A camada de nevoeiro é a segunda camada do modelo proposto. Permite a computação em tempo real, o armazenamento temporário e os serviços de conetividade entre a IoT e o ambiente de computação em nuvem. Oferece várias funcionalidades de análise de dados em tempo real e serviços de módulo de alerta para

o utilizador na extremidade da rede. No quadro proposto, esta camada processa os dados numéricos obtidos a partir da camada física do utilizador, que contém todas as informações de parâmetros necessárias para o processamento posterior. Ajuda a retificar a presença de ARN viral na amostra de urina, avaliando e processando dados sensíveis ao tempo utilizando o algoritmo XG boost.

Em primeiro lugar, a camada de nevoeiro pré-processa os dados recebidos da camada anterior, uma vez que é importante analisar e converter os dados na forma mais adequada para o algoritmo de aprendizagem XG Boost do conjunto, para que a base atinja uma precisão fenomenal nos resultados preditivos finais. Consequentemente, os valores dos dados brutos dos parâmetros relacionados com a urina obtidos são codificados em forma binária utilizando técnicas de aprendizagem de características supervisionadas. Por exemplo, se o valor obtido de um parâmetro estiver dentro do estado de segurança, é codificado para 0, e se estiver fora do estado de segurança, é codificado para 1. Os dados processados são classificados em duas classes predefinidas, nomeadamente a classe infecciosa e a classe normal, com base na análise dos parâmetros da urina. A classe infecciosa contém os valores dos dados dos parâmetros que ultrapassaram o limiar de segurança para indicar a presença de infeção na amostra de urina avaliada no período de tempo determinado. Os utilizadores que pertencem a esta classe precisam de obter a intervenção urgente de profissionais de saúde para tomar medicamentos e procedimentos imperativos para controlar a infeção viral numa fase inicial. Pelo contrário, a classe normal inclui os valores de dados que se encontram dentro da sua zona de limiar de segurança definida para representar a ausência de infeção viral na amostra de urina apresentada. Estes valores de dados paramétricos não têm qualquer significado específico, mas são guardados no repositório na nuvem apenas para efeitos de monitorização constante.

2.1. Algoritmo XG Boost

O algoritmo XG Boost é um sistema de aprendizagem escalável e altamente eficaz para o reforço de árvores. É uma versão improvisada do algoritmo de árvore de reforço de gradiente e é comparativamente dez vezes mais rápido do que outras técnicas de reforço de gradiente. Tem sido imensamente prepotente em várias competições Kaggle e tornou-se um dos melhores solucionadores de problemas de aprendizagem automática.

Além disso, é um método de aprendizagem em conjunto e é a principal biblioteca optimizada de gradiente distribuído para classificação, regressão, classificação e problemas de previsão definidos pelo utilizador. Oferece uma elevada eficiência na otimização do tempo de computação distribuída e dos recursos de memória. Dispõe de várias características de reforço, tais como processo de paralelização, computação fora da memória, otimização de cache, uma rotina integrada para valores em falta, poda de árvores, validação cruzada e técnicas de regularização para diminuir o problema de sobreajuste.

A função objetivo do modelo XG Boost baseia-se na função de perda (L) e na regularização (Q) na iteração (t). A equação matemática desta função objetivo é a seguinte

$$Obj^{(t)} = \sum_{i=1}^{n} l(y_i, \hat{y}_i^{(t-1)} + f_t(x_i)) + \Omega(f_t) + constant$$

l é a função de perda que avalia a soma entre a saída da árvore atual e a árvore aditiva anterior. xi é o vetor de características, n são os dados de treino e ft é a nova árvore que analisa a instância i^{th} utilizando xi. Da mesma forma, yi é o valor observado na instância i^{th} na iteração t^{th}. Este valoruei é mais exato e robusto do que o valor previsto anteriormente $\hat{y}^{(t-1)}$.

Por exemplo, $y0$ é o modelo inicial associado a um resíduo $(Tvar - y0)$ para prever a variável-alvo ($Tvar$). Do mesmo modo, um novo modelo $f1$ é adequado aos resíduos da última iteração (t). $y0$ e $f0$ combinados para produzir a árvore $y1$, uma versão mais forte de $y0$. Significa que o modelo $y1$ tem um erro quadrático médio inferior ao do modelo $y0$ na iteração (t).

$$y1(x) \leftarrow y0(x) + f1(x)$$

Da mesma forma, criar o modelo seguinte $y2$, após o resíduo de $y1$.

$$y2(x) \leftarrow y1(x) + f2(x)$$

O processo de criação de novos modelos continua na t-ésima iteração até que os resíduos tenham sido completamente minimizados.

$$yt(x) \leftarrow yt{-}1(x) + ft_t^2(x)$$

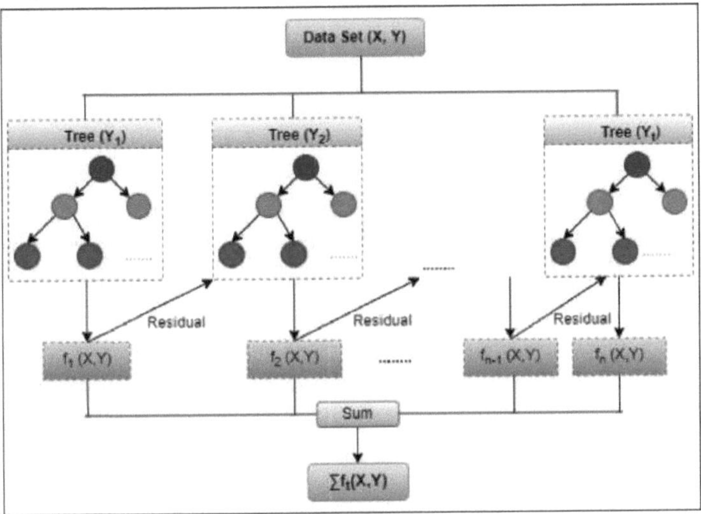

Figura 2: Demonstração da função objetivo XGBoost

O mesmo processo foi delineado na Figura 2. Consequentemente, as árvores subsequentes são geradas numa série sequencial para denigrir os erros apresentados na árvore anterior, utilizando valores residuais revistos em cada iteração. O algoritmo guloso determina o ponto de partição exato antes da execução de cada iteração. No passo final, este modelo calcula todos os valores dos nós folha e os pesos associados para produzir o resultado preditivo final. Este modelo de previsão da infeção viral por C-19 na amostra de urina pode ser optimizado para obter um melhor desempenho, evitando problemas de sobreajuste e enviesamento. Para este efeito, este modelo utiliza uma técnica de validação de 10 vezes para treinar e testar classificadores, dividindo aleatoriamente todos os dados recolhidos em dez partes. Nove partes são utilizadas para treinar o modelo e um décimo é reservado para efeitos de teste. Assim, cada dobra treina e testa o modelo, avaliando o desempenho em cada iteração. O fluxo de trabalho do XGBoost é demonstrado na Figura 3.

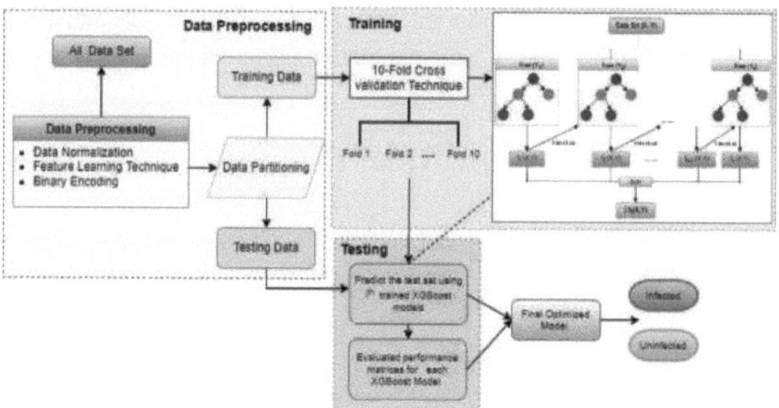

Figura 3: Fluxo de trabalho do algoritmo de aprendizagem em conjunto XGBoost

Posteriormente, o módulo de alerta será ativado se o valor resultante obtido do modelo XG- Boost pertencer à classe infecciosa. Neste cenário, este módulo envia a mensagem de alerta aos utilizadores em causa através dos seus dados de contacto registados e, paralelamente, envia uma mensagem ao hospital mais próximo com os dados e a localização dos utilizadores para que a equipa médica os atenda.

3.3. *Camada de Nuvem e Comunicação*

A tecnologia de computação em nuvem é uma solução potencial emergente no sistema de saúde para gerir eficazmente as práticas médicas devido aos seus serviços rápidos e a pedido. Numerosos estudos recentes (10.1109/ACCESS.2019.2909828) demonstraram a forte integração da nuvem e dos cuidados de saúde. A nuvem tem várias características avançadas que lançam luz sobre novas possibilidades de armazenar, gerir e aceder aos dados dos doentes de forma segura e ajudar os prestadores de cuidados de saúde na tomada de decisões cognitivas. Neste documento, as camadas de nuvem e de comunicação são as camadas inferiores do modelo proposto para a previsão precoce da C-19 com base na urina no ambiente doméstico. Ambas as camadas estão inter-relacionadas e oferecem um repositório para armazenar todos os registos históricos de saúde dos doentes, permitir a intervenção individual remota e assegurar a melhor implementação possível das políticas de quarentena em casa aplicadas pelas autoridades governamentais durante situações de confinamento. Os repositórios na nuvem são utilizados para armazenar todos os dados previstos com base na urina, relatórios de testes laboratoriais e outros dados relacionados com a saúde do doente. Atualmente, vários fornecedores de serviços na nuvem, como a Amazon, a Apple,

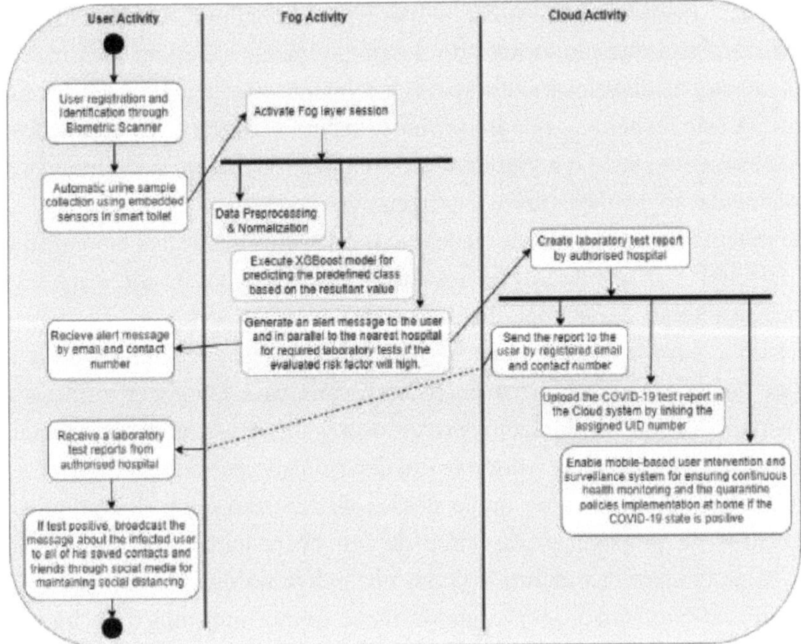

Figura 4: Diagrama de actividades da arquitetura proposta em quatro camadas

e a Google confiam para armazenar e gerir de forma segura os registos de saúde dos doentes. Os dados podem ser classificados em duas partes: dados isolados e dados partilhados. Os dados isolados contêm os dados pessoais dos doentes que só podem ser acedidos pelos profissionais de saúde e pelo próprio doente, ao passo que apenas os dados partilhados podem ser fornecidos a agências autorizadas para o desenvolvimento de medicamentos e vacinas, se necessário.

Para controlar a prevalência da C-19, é necessária uma vigilância e um acompanhamento adequados do hospedeiro infetado. Além disso, a OMS destacou o distanciamento social como uma medida preventiva primária para a C-19. Muitos relatórios revelaram que a causa principal do aumento do número de casos é o contacto próximo com o hospedeiro afetado. Este contacto pode incluir membros da família, vizinhos e amigos. Também se observou que muitas pessoas escondem e negam o seu estatuto de portador de C-19, especialmente junto de vizinhos e amigos, depois de terem tido um resultado positivo e continuarem a viver com eles sem seguirem quaisquer medidas preventivas. Inúmeros trabalhos de investigação abordaram esta questão através do desenvolvimento de aplicações móveis para manter o distanciamento social inteligente numa região com muita gente. A este respeito, o quadro proposto incute a caraterística de manter o distanciamento social e a vigilância contínua do doente infetado através da implementação de dispositivos inteligentes.

Este módulo é ativado após a receção dos relatórios dos testes laboratoriais do hospital e o resultado dos relatórios dos testes de C-19 é positivo. Especificamente, este módulo transmite a informação do hospedeiro infetado a todos os seus contactos guardados e amigos em linha através da utilização de uma plataforma de redes sociais para favorecer a curva de transmissão. Ajuda os contactos próximos a manterem uma distância social dos hospedeiros infectados durante um determinado período.

Em 2021, a OMS declarou que a pessoa de contacto é um dos principais elementos de propagação do vírus de um hospedeiro para outro. Uma pessoa de contacto foi definida como um indivíduo que foi exposto a um suspeito ou confirmado por contacto físico direto num raio de 1 metro e durante pelo menos 15 minutos. É necessário seguir a localização do hospedeiro infetado. É concebível através do recurso a tecnologias avançadas de localização, como o Sistema de Posicionamento Global (GPS), a banda ultralarga e o Bluetooth, que não só localizam o doente como também garantem que este mantém uma distância superior a um metro das pessoas [25].

4. **Conclusão e trabalho futuro**

Este artigo concebeu uma estratégia não invasiva assistida por IoT para detetar a presença de C-19 no ambiente doméstico. Demonstrou um método nobre para melhorar o diagnóstico de precisão baseado na saúde em casa, aproveitando o ambiente IoT-fog-cloud para análise urinária. A arquitetura concetual de quatro camadas apresentada executa as tarefas de aquisição automatizada de urina, previsão da C-19, ativação do sistema de alerta e rastreio e vigilância do hospedeiro infetado. Permite que os utilizadores monitorizem regularmente a saúde, o que não só ajuda na deteção precoce da C-19, mas também facilita a abordagem de outros problemas de saúde em desenvolvimento no corpo.

No meio da pandemia da COVID-19, uma onda de investigação contribuiu substancialmente para controlar a sua prevalência através da incorporação de várias estratégias baseadas na IoT. No entanto, foi publicada uma investigação relativamente limitada que explora a valiosa informação contida na urina, que é normalmente eliminada. Consequentemente, é necessária mais investigação para investigar a infecciosidade dos vírus no corpo através da utilização de excrementos humanos.

Atualmente, os investigadores conseguem extrair dados clínicos importantes, como a temperatura corporal e a saturação de oxigénio dos excrementos humanos, através de sensores incorporados nos assentos das sanitas, que são parâmetros críticos para determinar a existência de sintomas de doenças infecciosas em curso. Estes sistemas com base na IoT permitirão uma monitorização passiva eficaz da saúde no ambiente doméstico e fornecerão também uma base para futuras pandemias. Para trabalhos futuros, os autores irão delinear o trabalho experimental do quadro concetual proposto e as medidas de desempenho, fornecendo uma descrição técnica mais aprofundada.

5. Declaração de interesse concorrente

O autor correspondente declara, em nome de todos os autores, que não há conflito de interesses na realização deste estudo.

CAPÍTULO 3

Dispositivo IoT para identificar suspeitas de infeção por COVID-19 utilizando
o algoritmo de fusão de sensores e a deteção de máscaras em tempo real com base na
Modelo MobileNetV2 melhorado

Este documento emprega uma abordagem única de fusão de sensores (SF) para detetar um suspeito de COVID-19 e o modelo MobileNetV2 melhorado é utilizado para a deteção de máscaras faciais numa plataforma de Internet das Coisas (IoT). O algoritmo SF evita previsões incorrectas do suspeito. Os dados de saúde são continuamente monitorizados e registados no servidor ThingSpeak na nuvem. Quando é detectado um suspeito de COVID-19, é enviado um e-mail de emergência ao pessoal de saúde com a posição GPS do suspeito. É utilizado um modelo de aprendizagem profunda leve e rápido para reconhecer o posicionamento adequado da máscara, o que restringe a transmissão do vírus.

Quando testada com o conjunto de dados de rostos mascarados do mundo real (RMFD), a rede neural MobileNetV2 melhorada é óptima para o Raspberry Pi. O nosso dispositivo IoT e o modelo de aprendizagem profunda têm uma precisão de 98,50% (em comparação com dispositivos comerciais) e 99,26%, respetivamente, e o tempo necessário para a avaliação da máscara facial é de 31,1 milissegundos. O dispositivo proposto é útil para a monitorização remota de doentes com covid-19. Assim, o método terá aplicação médica na deteção de doentes positivos para a COVID-19. O dispositivo também pode ser usado.

1. Introdução

Em dezembro de 2019, uma doença semelhante à pneumonia começou a espalhar-se por todo o mundo, acompanhada de febre e sintomas semelhantes aos da constipação [1,2], causada pelo vírus COVID-19 (doença do coronavírus de 2019) [3,4]. A Organização Mundial de Saúde (OMS) declarou a COVID-19 uma Emergência de Saúde Pública de Preocupação Internacional em 30 de janeiro, seguida da declaração de pandemia em 11 de março de 2020. A pandemia afecta a saúde mental e física das pessoas. Até à data, foram detectados 401 milhões de casos de COVID-19, com 5,76 milhões de mortes confirmadas.

O número crescente de casos e mortes por COVID-19 levou a

confinamentos, quarentenas e restrições à circulação de pessoas a nível mundial. Abdulkadir Atalan referiu que os confinamentos poderiam suprimir a propagação do vírus. A referência [4] também menciona os efeitos dos confinamentos na psicologia, no ambiente e na economia. Vários estudos mostraram os efeitos de ı

bloqueios em matéria de economia, violência doméstica, saúde mental e saúde social [5].

Apesar de existirem muitos tipos de vacinas no mercado, há novas estirpes de vírus que surgem devido a mutações. A vacinação de toda a população mundial é a forma ideal de travar as pandemias, mas muitos países são pobres e os seus sistemas de saúde não estão suficientemente avançados para fornecer vacinas a toda a população. Além disso, H.C Hsu apresentou os efeitos da COVID-19 nos profissionais de saúde; por exemplo, os enfermeiros estão a trabalhar em excesso e estão sob pressão; assim, levará muito tempo a chegar a uma situação ideal [6]. Na era da globalização, tem sido difícil viajar em condições de pandemia. Atualmente, a estirpe omicron é uma grande preocupação a nível mundial e muitos países anunciaram restrições à reunião e às viagens, causando prejuízos às economias e ao bem-estar social. Os testes e o rastreio precoces são utilizados para controlar o número de casos e de surtos.

Apresentamos aqui um dispositivo baseado na Internet das Coisas (IoT) para a deteção precoce de indivíduos infectados e para controlar a propagação através da deteção de máscaras faciais. Os dispositivos IoT recolhem e partilham dados (com um mínimo de interação humana) utilizando vários protocolos de transferência [7]. As aplicações IoT são utilizadas nos cuidados de saúde e nas fábricas inteligentes, nas casas e na educação. Uma banda de fitness é um dispositivo vestível baseado na IdC que monitoriza as actividades e a saúde do utilizador. Os bloqueios criam dificuldades económicas e de saúde mental [8]. Este documento apresenta um dispositivo vestível que detecta indivíduos suspeitos de estarem infectados com COVID-19.

Dong et al. [9] desenvolveram um dispositivo vestível para monitorização contínua da pressão arterial [10]; este dispositivo não armazenava dados de saúde para análise futura. Aadil et al. [11] descreveram uma rede corporal sem fios (WBAN) que utilizava a IdC para a monitorização remota da saúde. Uma rede ZigBee foi implementada por Li et al. [12] para ligar dispositivos a uma estação de base. Fu et al. [13] utilizaram uma rede de sensores sem fios e um protocolo de transmissão Wi-Fi para medir os níveis de oxigénio no sangue de atletas, mas este artigo centra-se apenas num parâmetro de saúde, o que dificulta a verificação global da saúde. A literatura indica que os protocolos Wi-Fi são adequados e económicos para dispositivos portáteis.

A inteligência artificial (IA) tem desempenhado um papel importante durante a pandemia. Foram utilizados algoritmos de IA para identificar infecções por COVID-19 utilizando características extraídas de electrocardiogramas ou radiografias torácicas. Aprendizagem automática ı

Os algoritmos que analisaram rapidamente amostras de sangue tiveram uma precisão de 90% quando utilizados para estimar a sobrevivência de doentes infectados com COVID-19 [14,15]. M. Phan et.al. propuseram uma patente para detetar a COVID-19 utilizando dados respiratórios treinados em dispositivos IoT, mas a dimensão da amostra dos dados era pequena [16].

Vários autores utilizaram técnicas de aprendizagem profunda para a deteção de máscaras faciais. As bases de dados incluem o Kaggle, o conjunto de dados de etiquetas de máscaras faciais (FMLD), o conjunto de dados de análise de faces mascaradas (MAFA) e o conjunto de dados de reconhecimento de faces mascaradas do mundo real (RMFRD) [17,18]. Os modelos de aprendizagem profunda YOLOv2, YOLOv3, SSDMNV2, MobileNetV2 e ResNet50 para deteção de máscaras faciais têm uma precisão superior a 95%. Alguns modelos são compatíveis com plataformas IoT; outros exigem unidades de processamento gráfico (GPU) de alto desempenho [19,20,21].

Este trabalho apresenta uma abordagem preventiva para evitar surtos de vírus e controlar a pandemia. A principal contribuição deste trabalho é a aplicação do método de fusão de sensores para a deteção automática da covid utilizando inteligência artificial. O dispositivo proposto utiliza a percussão para evitar alertas falsos positivos. Os falsos positivos criam problemas ao sistema de saúde em vez de o ajudar. O modelo MobileNetV2 melhorado é a solução ideal para plataformas IoT devido ao tamanho reduzido do modelo, à maior precisão e ao menor tempo de deteção.

Neste caso, a inteligência artificial (IA) é utilizada para ajudar os sistemas de saúde. Este trabalho detecta e rastreia pessoas infectadas em tempo real, o que limita a propagação viral e o surto. A localização automática e correcta das máscaras detectadas permite controlar a propagação. Este método é preventivo e rápido. Este documento está dividido em cinco secções. A Secção 2 centra-se no método proposto, a Secção 3 apresenta a configuração experimental, os resultados e a discussão são apresentados na Secção 4, e a conclusão e o âmbito futuro são apresentados na Secção 5.

2. A metodologia

O método proposto utiliza um algoritmo de fusão de sensores (SF) para detetar suspeitos infetados na fase inicial da infeção e detetar máscaras faciais. Implementámos um modelo de aprendizagem profunda numa plataforma IoT. A inteligência de decisão foi fornecida pelo algoritmo SF e pelo modelo de aprendizagem profunda. A secção 2.1 explica o algoritmo SF e a secção 2.2 a deteção de máscaras faciais. A arquitetura geral dos dispositivos IoT inteligentes (IIoT) é apresentada na Figura 1, 1
com camadas separadas e a funcionalidade de cada camada.

O fluxo de dados é apresentado na Figura 2, bem como a recolha e o processamento de dados de características pelos algoritmos SF e de redes neuronais profundas (DNN), juntamente com os componentes de hardware e software utilizados no sistema. O SF funde as entradas sensoriais de vários canais para melhorar a informação (em comparação com a disponível se as fontes forem utilizadas separadamente) [22]. A SF encontra aplicações em carros autónomos [23], robótica [24] e aparelhos biomédicos [25]. Tanto quanto é do nosso conhecimento, este é o primeiro trabalho a utilizar a SF para a previsão da doença COVID-19.

O algoritmo SF funde os dados dos sensores de oxigénio no sangue, temperatura corporal e frequência cardíaca. Os baixos níveis de oxigénio e as febres são os sintomas mais comuns nos doentes com COVID-19; estes são muitas vezes mal interpretados como constipações normais nas fases iniciais da doença. O nosso método centra-se nestes três factores. Mesmo que apenas um sintoma seja visível, o algoritmo de IA envia um alerta android sobre a leitura invulgar. O sujeito pode agora considerar o auto-isolamento e uma possível necessidade de cuidados médicos. A abordagem proposta não detecta pessoas assintomáticas. Este método não confirma a infeção, mas sim antecipa quem pode estar infetado com a COVID; isto ajuda a realizar testes e rastreios precoces.

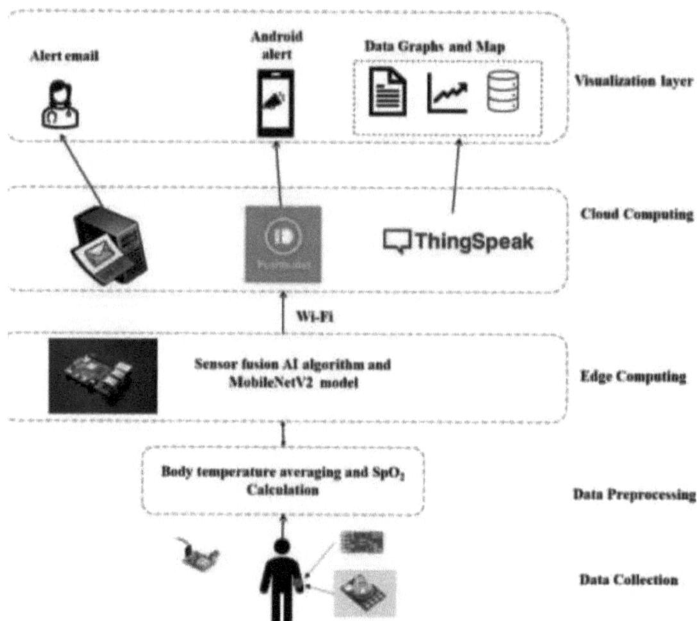

Figura 1. A arquitetura geral do dispositivo IIOT proposto.

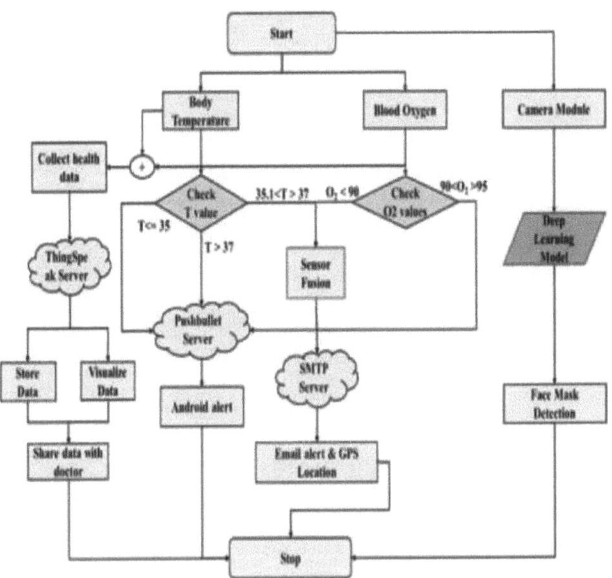

Figura 2. O fluxo de dados.

Neste método, são implementados três servidores de nuvem diferentes para a respectiva funcionalidade, como mostra a Figura 1. ThingSpeak [26] é uma plataforma IoT baseada na nuvem que agrega, visualiza e analisa fluxos de dados reais. É criado um canal privado; a nuvem fornece uma chave de API de escrita utilizada para guardar dados e uma chave de API de leitura para receber dados guardados em JSON, XML ou em formato de texto. Instalámos o protocolo de transferência de correio simples (SMTP) no Raspberry Pi [27].

O servidor SMTP envia uma mensagem de correio eletrónico de alerta com dados de saúde cruciais e a posição GPS de um suspeito para um prestador de cuidados de saúde. O servidor Pushbullet [28] é utilizado para transferir ligações, texto e ficheiros entre dispositivos. Este servidor envia alertas android que não são urgentes mas que requerem atenção em breve. Depois de registar um dispositivo utilizando o seu ID, o servidor Pushbullet envia mensagens e notificações. A recolha de dados e o armazenamento na nuvem são apresentados na Figura 2. O dispositivo periférico possui servidores SF e de notificação. A deteção de rostos em tempo real (utilizando uma câmara espiã) prevê um resultado com a ajuda do modelo de aprendizagem profunda treinado (Figura 1).

2.1. Fusão de sensores (SF)

A abordagem de fusão de sensores (SF) é utilizada para identificar suspeitos de COVID-19. Uma temperatura corporal de 35-37 °C é normal; é emitido um alarme se a temperatura exceder este intervalo. O nível normal de oxigénio no sangue é de 95-100%; qualquer valor abaixo desse intervalo é considerado grave. Para gerar alertas de emergência, os dados dos dois sensores são fundidos e os valores limite são avaliados. O algoritmo SF e a sua implementação são apresentados no Algoritmo 1.

Algoritmo 1. Pseudo-código: Previsão de suspeitas de COVID

1. Guardar a entrada do sensor de temperatura;
2. Se um dedo estiver sobre o sensor, passar à etapa 3; caso contrário, parar;
3. Se o nível de confiança da leitura do sensor for superior a 90%, recolher os dados;
4. Guarde a entrada do oxímetro;
5. Se $90 < o_2 < 95$:
Enviar uma mensagem de alerta android através do servidor Pushbullet;
6. Se $o_2 < 90$:
Se a febre for superior a 37,5:
Atribuir a matriz [] e armazenar os valores durante 30 minutos;
Se o máximo da matriz [] < 90:
Enviar uma mensagem de correio eletrónico informando que foi detectado um suspeito; incluir a localização GPS;
Caso contrário, limpa a matriz;
caso contrário, enviar ao utilizador um alerta de "o_2 baixo requer atenção";
mais, recolher e guardar dados em tempo real.

Características do algoritmo SF:

• O algoritmo SF recebe dados de entrada da febre, dos sensores do oxímetro e do ritmo cardíaco, todos eles calibrados com uma precisão de nível comercial.

• Para eliminar erros, o sensor do oxímetro só aceita leituras quando o sensor está em contacto com a pele humana e o nível de confiança do sensor é superior a 90%.

• Quando o oxímetro indica um nível baixo de oxigénio, este pode ser transitório (causado por exercício ou stress). Para evitar falsos positivos, o sistema SF aguarda e examina outros parâmetros de saúde.

• Quando o nível de oxigénio desce, o sistema procura informações no sensor de temperatura corporal.

• Se ambos os sensores produzirem resultados anómalos, o algoritmo SF regista todas as entradas durante 30 minutos numa matriz e guarda-as para estudo futuro.

• Se todos os valores estiverem abaixo dos níveis habituais durante um período prolongado, só então o algoritmo SF envia um alerta por correio eletrónico com uma posição GPS. Se os valores não forem anómalos durante um período prolongado, o algoritmo conclui que não existe qualquer emergência, apaga todos os dados da matriz e envia um simples aviso para um smartphone Android.

2.2. Deteção de máscaras faciais utilizando a aprendizagem profunda numa plataforma IoT

A aprendizagem profunda é uma forma de processamento de imagem para IA que utiliza algoritmos de extração de características. Para tal, é necessária uma GPU potente, mas os dispositivos IoT não dispõem de uma GPU potente, o que dificulta a renderização da aprendizagem profunda. O processamento de imagens utiliza as plataformas OpenCV e TensorFlow. O Raspberry Pi 4 inclui suporte para sistemas de processamento de imagem, como o Keras. A MobileNetV2 [29] é uma rede neural eficiente para dispositivos IoT que apresenta uma estrutura residual invertida com ligações entre os níveis de estrangulamento, pelo que a utilizámos como rede de base.

Utilizámos o conjunto de dados RFMD (que inclui 2165 imagens com máscaras e 1930 sem máscaras) para testes e treino. As imagens de amostra são apresentadas na Figura 3, juntamente com imagens da API de pesquisa do Bing e dos conjuntos de dados do Kaggle. As imagens transformadas manualmente não estão incluídas no conjunto de dados; as imagens corrompidas e duplicadas são removidas.

A limpeza, deteção e correção melhoraram a previsão. O conjunto de dados foi dividido em 80% para treino e 20% para testes antes do pré-processamento. Foi implementada uma função que aceitava as pastas do conjunto de dados como entradas, carregava todos os ficheiros e redimensionava as imagens. A lista foi então ordenada alfabeticamente e as imagens foram transformadas em tensores. A lista foi então transformada numa matriz NumPy (para acelerar a computação).

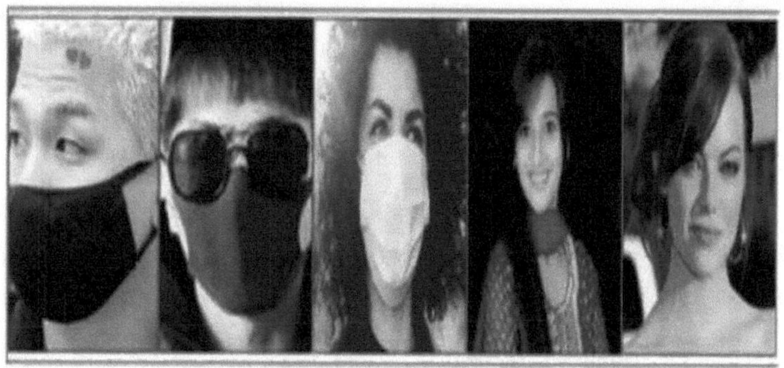

Figura 3. Exemplos de imagens utilizadas para o treino da rede neural.

A biblioteca OpenCV foi utilizada para reconhecer rapidamente rostos humanos antes do treino. Para eliminar a latência de varrimento recursivo, vários rostos podiam ser identificados numa única imagem; apenas uma imagem era necessária para identificar vários objectos. Isto determinou a região de interesse para a extração de características do MobileNetV2. A Figura 3 apresenta exemplos de imagens utilizadas para treinar o modelo. Para uma melhor precisão, utilizámos um conjunto de dados diversificado com diferentes nacionalidades, grupos etários, sexos, etnias e tipos de máscaras.

O MobileNetV2 é uma rede neural leve e de aprendizagem profunda para classificação de imagens. O modelo MobileNetV2 padrão é, neste trabalho, o modelo de base; o modelo principal é adicionado para melhorar o resultado do modelo de base. O modelo principal aumenta a precisão e inclui uma camada de agrupamento de médias seguida de operações de nivelamento. Foram adicionadas cinco camadas densas antes da camada de saída.

Considerando que, no modelo de base, o TensorFlow foi utilizado para carregar o modelo pré-treinado ı pesos. Depois, para permitir a extração de características, foram acrescentadas camadas adicionais à base de dados (e treinadas com base nelas). O modelo foi então afinado e os pesos foram guardados nas camadas. A aprendizagem por transferência poupa tempo; os pesos tendenciosos existentes foram utilizados sem sacrificar as características previamente aprendidas. O MobileNetV2 possui uma camada central de rede neural convolucional.

Uma camada de pooling acelera os cálculos ao diminuir o tamanho da matriz de entrada sem alterar as suas características. A camada de abandono evita o sobreajuste durante o treino do modelo. As funções não lineares incluem vários tipos de unidades lineares rectificadas (ReLUs). As camadas totalmente ligadas estão ligadas às camadas de ativação. Se as ligações forem ignoradas, a execução da rede pode ser afetada. Assim, foi acrescentado um estrangulamento linear. A Figura 4 mostra a arquitetura detalhada do modelo.

O método identifica com exatidão a localização da máscara. Se uma pessoa não estiver a usar uma máscara, o modelo desenha uma caixa vermelha à volta do rosto. O modelo pode detetar vários rostos na mesma imagem ao mesmo tempo. Este modelo pode utilizar uma imagem básica como entrada ou um fluxo de vídeo em tempo real da câmara Raspberry Pi. A Figura 5 mostra a deteção de máscaras faciais e as percentagens de precisão (caixas vermelhas ou verdes). Para uma análise crítica, foram tiradas imagens de uma vista lateral e de vários rostos na mesma imagem para testar o modelo.

A Figura A1a,b mostra que a identificação da máscara facial teve uma precisão de 99,26%; a perda e a precisão foram representadas por época, respetivamente. A Figura A1a,b mostra que, após a 20.ª época, a exatidão era próxima de 99,26% e a "perda após a época" também era mínima, o que satisfazia a condição de modelo bem ajustado. O tempo necessário para treinar o modelo no Raspberry Pi foi quase o dobro do tempo necessário quando se utilizou um PC equipado com uma GPU GeForce GTX 750, um processador Intel Core i5 e 8 GB de RAM. Após o treino, as velocidades de deteção de máscaras em tempo real num PC e nos dispositivos IoT eram idênticas. O modelo foi testado colocando diferentes objectos nos rostos, alterando as posições das máscaras e capturando rostos de lado. Mesmo em circunstâncias tão invulgares, o desempenho do modelo não foi afetado.

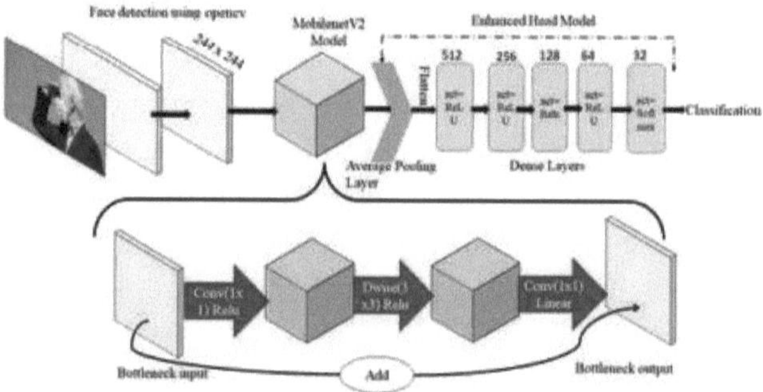

Figura 4. Deteção da máscara facial.

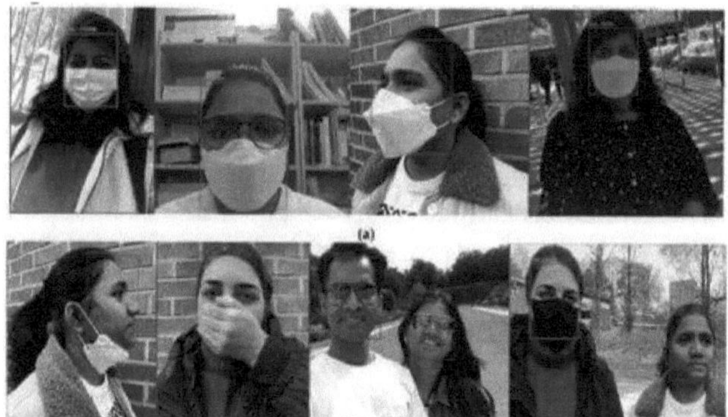

Figura 5. (**a**) Deteção de máscaras faciais em tempo real a partir de diferentes pontos de vista. (**b**) Deteção de rosto em tempo real sem máscara, capaz de detetar a posição incorrecta da máscara e de o identificar como "sem máscara".

3. Experimentais

Num sistema de comunicação em série, o Raspberry Pi 4 desempenha o papel de anfitrião e um Arduino o papel de escravo. O sensor MLX 90614 detecta a temperatura corporal; o sensor SparkFun detecta o nível de oxigénio no sangue e os batimentos cardíacos [30,31,32,33].

O sinal GPS é detectado por um sensor LM80 ligado a uma porta USB.

Os biossensores MLX 90614 e SparkFun estão integrados no Raspberry Pi e no Arduino, respetivamente. O protocolo I2C é utilizado para ligar os sensores biométricos. A câmara espiã é instalada na ranhura da câmara do Raspberry Pi para transmissão de vídeo em tempo real e reconhecimento da máscara facial [34]. Como propomos este dispositivo para fins de utilização, é necessária uma câmara de pequenas dimensões. As ligações detalhadas dos pinos com o Raspberry Pi 4 e o Arduino Uno são explicadas na Tabela A1 (Apêndice A) e na Tabela A2 (Apêndice A), respetivamente.

A Figura 6 mostra a configuração experimental.

O microprocessador Raspberry Pi 4 é ótimo para a plataforma TensorFlow. O sensor analógico é alimentado por um Arduino Uno. Para permitir uma futura expansão, utilizámos um Arduino em vez de um conversor analógico-digital (ADC). Durante a implementação, a funcionalidade multithreading da linguagem Python foi utilizada para executar eficazmente os vários sensores em simultâneo. Havia uma thread python dedicada, a correr em simultâneo para cada sensor, câmara Pi e atualização de dados GUI.

Figura 6. O banco de testes experimental.

Sensor de temperatura: o sensor de temperatura determina se uma pessoa

tem febre. A média de quinhentas entradas contínuas do sensor é calculada em tempo real antes de ser apresentada ao utilizador; o tempo de processamento é inferior a 1 s. São necessários alguns milissegundos para fornecer os resultados, mas os dados de saúde são enormes; é aceitável um pequeno atraso. O algoritmo de otimização baseia-se na Equação (1):

[Erro de processamento matemático].

(1)

em que temp = temperatura atual em graus Celsius e n = número de entradas.

O sensor SparkFun: o sensor SparkFun funciona como um oxímetro de pulso e o sensor de frequência cardíaca é um sensor biométrico baseado em I2C que inclui dois chips Maxim Integrated; o sensor MAX32664 analisa os dados recolhidos pelo sensor MAX30101 e o fotopletismograma (PPG).

4. Resultados e discussão

4.1. Desempenho do dispositivo

Foram avaliadas as precisões dos dados do sensor e da identificação da máscara facial. O sensor MLX 90614 foi testado no mesmo indivíduo; as leituras foram obtidas em intervalos de 10 minutos e comparadas com as de um termómetro comercial (Figura 7). Todas as medições de temperatura estão em graus Celsius. O erro do sensor MLX 90610 foi de cerca de 0,1 °C; a exatidão foi, portanto, de cerca de 98%. O sensor de temperatura apresentou a melhor precisão quando o utilizador e o sensor estavam estáveis.

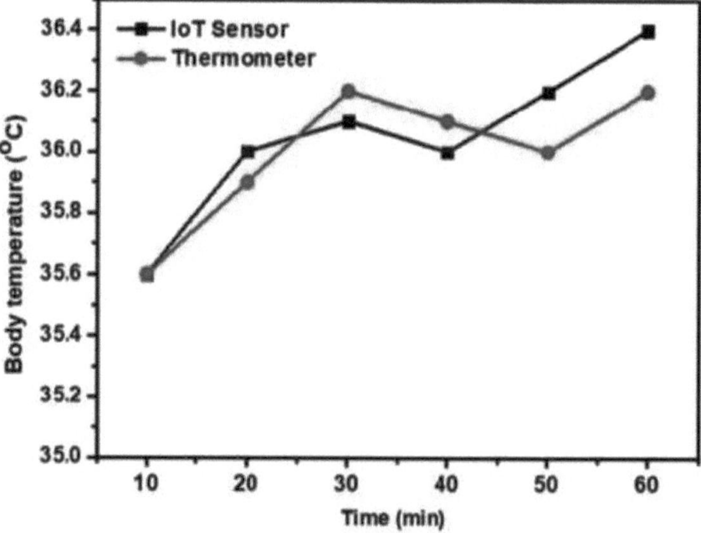

Figura 7. Comparação entre o sensor MLX 90614 e o termómetro.

O sensor SparkFun é um oxímetro de pulso. Os valores obtidos são comparados com os da banda comercial Britz (Figura 8). A imagem da banda de saúde comercial é mostrada na Figura A2 (Apêndice A). Os valores foram quase idênticos. A média das percentagens de exatidão em cada momento foi calculada para obter uma exatidão global. A equação (2) mostra as percentagens de precisão em momentos específicos; a precisão

média foi então determinada.
[Erro de processamento matemático].
(2)

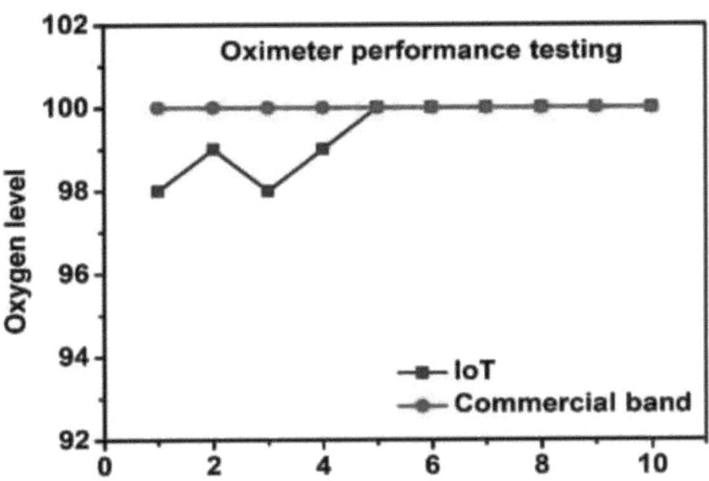

Intervalo de tempo (min)

Figura 8. Precisão do sensor SparkFun.

A precisão média foi de 99,1%. O sensor também forneceu a frequência cardíaca e os dados brutos. A monitorização do ritmo cardíaco é fundamental em doentes cardíacos e infectados com COVID-19 porque, segundo a Dra. Nisha Parekh, "existem inúmeras formas de a COVID-19 danificar o coração durante o primeiro período em que alguém tem a infeção, particularmente nas primeiras semanas. Estes efeitos secundários podem incluir dificuldades novas ou agravadas no bombeamento do sangue, inflamação do músculo cardíaco e inflamação da membrana que envolve o coração. É de salientar que outras infecções podem potencialmente causar os mesmos sintomas." [35]. Os dados de frequência cardíaca foram recolhidos no servidor IoT; no entanto, não foram incluídos em condições de deteção suspeitas.

Uma mensagem androide do servidor Pushbullet é apresentada na Figura A3 (Apêndice A). O alerta androide é emitido apenas quando a temperatura desce abaixo dos 30 °C ou sobe acima dos 37 °C. Relativamente ao canal ThingSpeak, a conetividade e a visualização de dados em tempo real é feita em MATLAB e cada valor do sensor é representado como um único campo e a saída da implementação é apresentada na Figura A4 (Apêndice A). A posição geográfica e a temperatura são apresentadas em ı

Figura A5 (Apêndice A).

Os dados do batimento cardíaco foram guardados no campo 3 do canal ThingSpeak e os valores são representados na Figura A6 (Aapêndice A). Isto mostra que o nosso dispositivo está a recolher dados de 15 em 15 minutos e a guardá-los no servidor da nuvem. Juntamente com a recolha de dados, a análise dos dados também é efectuada nos servidores de ponta em tempo real. É difícil testar o dispositivo em doentes reais com COVID-19 devido às regras de distanciamento social; a validação do dispositivo foi efectuada pela Dra. Anuja Padwal, uma estudante de medicina da Universidade de Ciências da Saúde de Maharashtra (MUHS).

De acordo com Padwal, "o método proposto é benéfico para a perspetiva da COVID e as precauções automáticas para falsos positivos são dignas de nota no estudo. Este método é benéfico e prático para o controlo de pandemias nos países em desenvolvimento devido ao seu baixo custo de fabrico".

É apresentada a comparação do nosso dispositivo com os dispositivos disponíveis no mercado, tendo em conta os vários factores, como a frequência cardíaca, a temperatura corporal, o custo do dispositivo, etc.

4.2. Treino e teste do modelo de aprendizagem profunda

Para testar a exatidão, realizámos vários testes de desempenho do sistema, em termos de encontrar rostos mascarados. Para efeitos de treino, foi utilizado o optimizador Adam com 30 épocas e um tamanho de lote de 32. Loey et al. [26] avaliaram o treino utilizando o Adam e o SGDM e concluíram que o Adam superou o SGDM em termos de perda e erro quadrático médio da raiz do minilote. O treino do Adam é apresentado na Tabela 2; as perdas foram mínimas.

O desempenho do modelo foi comparado quantitativamente com o das arquitecturas InceptionV3 e ResNet50 (utilizando o conjunto de dados RMFD); os valores estão listados na Tabela 3 e representados na Figura 9. Foram calculados os tamanhos do modelo de aprendizagem profunda, os tempos de deteção e as precisões. A Figura 9 mostra que a arquitetura ResNet50 proporcionou a maior precisão; no entanto, este modelo inclui mais parâmetros do que o MobileNetV2, tornando-o maior e mais lento. A Figura 9c mostra que a arquitetura MobileNetV2 é leve, com um tamanho

de 11,3 MB e uma velocidade de deteção quase metade da do modelo
ResNet50.

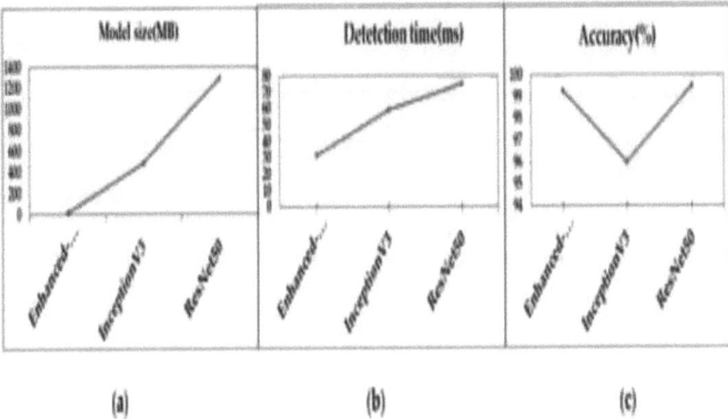

Figura 9. Comparação do modelo proposto (MobileNetV2 melhorado)
com o InceptionV3 e o ResNet50 em termos de (**a**) tamanho; (**b**) tempo de
deteção; e (**c**) precisão ao avaliar o conjunto de dados RMFD.

A curva de perda de treinamento e validação é mostrada na Figura A 1b.
Observámos que o nosso modelo não se ajusta nem se ajusta mal. De um
modo geral, a função de custo é uma forma de calcular o erro e de
quantificar o bom ou mau desempenho do modelo. Quanto menor for a
perda, mais exato é o modelo. A partir da Figura A1b, pode concluir-se que
o modelo é afinado com uma perda mínima. Nesta experiência, foi
utilizada a função de entropia cruzada binária para otimizar o modelo; a
fórmula da função é a indicada na Equação (3). [Erro de processamento
matemático] (3)
Aqui, pi é a probabilidade da classe com máscara e (1 - pi) é a
probabilidade da classe sem máscara. O modelo foi ainda avaliado
utilizando o conjunto de dados PWMFD (proper wearing masked face
detection) e comparado com os resultados de Loey et al. [21]. mostra que o
tamanho do modelo MobileNetV2 era o mais pequeno e que as nossas
melhorias reduziram o tempo de deteção. A precisão do modelo utilizando
o conjunto de dados RMFD, o conjunto de dados PWMFD e o conjunto de
dados combinado foi de apenas 99,11%, 89,00% e 90,14%,
respetivamente, mas quando testado contra o conjunto de dados

No modelo melhorado, a precisão foi de 99,26%, 99,15% e 92,51%, respetivamente. Concluímos que o modelo melhorado proporciona uma melhor precisão em ambos os conjuntos de dados. O conjunto de dados RMFD teve um melhor desempenho do que o PWMFD em todos os casos, porque muitas imagens do PWMFD estavam desfocadas, o que dificulta a identificação de rostos num único disparo. Comparamos o nosso sistema com o de Loey et al. [21].

Em comparamos o nosso modelo com outros trabalhos para mostrar que o modelo proposto supera os modelos anteriormente reportados. Enquanto que em combinamos os conjuntos de dados RMFD e PWMFD para comparar os resultados da utilização do modelo proposto. Em todos os casos, o MobileNetV2 melhorado tem um desempenho melhor do que qualquer outro modelo. Em [34], os autores apresentaram a deteção de máscaras faciais utilizando o SSD-MobileNetV2 e obtiveram uma precisão de 92,64%, enquanto o modelo apresentado obteve uma precisão de 99,26%; por conseguinte, podemos concluir que o nosso modelo é preciso e leve em comparação com os outros modelos propostos, o que o torna adequado para dispositivos IoT.

Para avaliar melhor o modelo, calculámos o verdadeiro positivo (TP), o verdadeiro negativo (TN), o falso positivo (FP) e o falso negativo (FN) em 30 imagens aleatórias com 38 faces aleatórias. A matriz de confusão é apresentada na Figura 10. Os resultados da experiência mostram que foram detectados 15 TP, 19 TN, 2 FP e 2 FN. Além disso, a precisão e a recuperação foram calculadas com base nas Equações (4) e (5). Os valores da precisão e da recuperação foram 0,88 e 0,88, respetivamente. [Erro de processamento matemático] (4) [Erro de processamento matemático] (5)

		Predicted class	
		With mask	Without mask
Actual class	With mask	15 TP	2 FP
	Without mask	2 FN	19 TN

Figura 10. Matriz de confusão para o modelo de deteção de máscaras faciais.

Aqui, os valores FP e FN são baixos, o que significa que podemos prever que o algoritmo é preciso e exato, com um conjunto de dados de grande dimensão; esperamos valores TP e TN mais elevados.

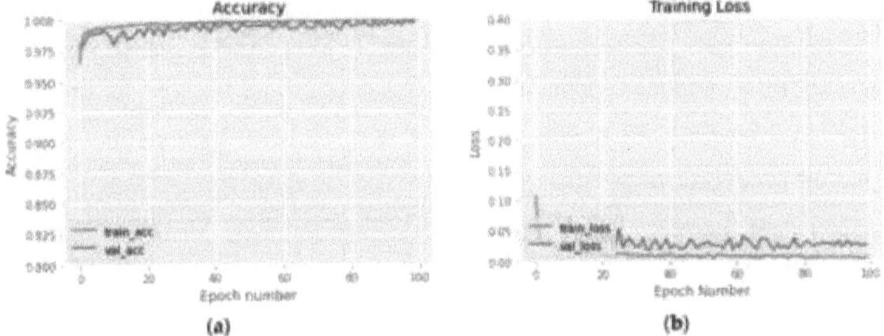

Figura A1. Precisão (**a**) e perda (**b**) do modelo proposto por época.

Figura A2. A banda de saúde Britz.

Os dados vitais relacionados com a saúde humana apresentam, por vezes, leituras anormais, por exemplo, no que diz respeito a alertas de emergência de condições anormais, que são enviados aos utilizadores e familiares. Estes alertas serão úteis para os profissionais de saúde e para a monitorização à distância.

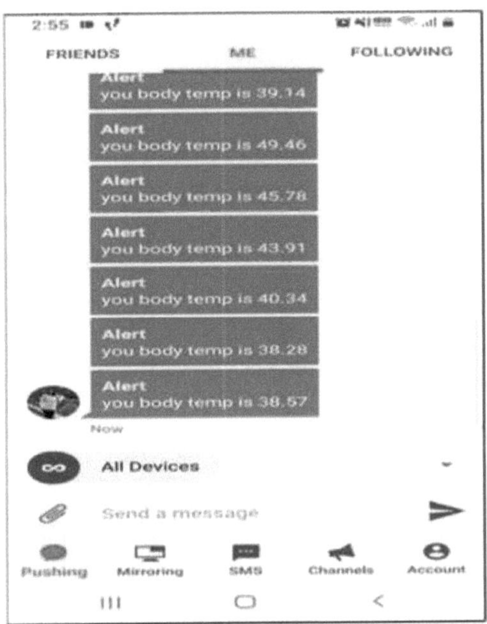

Figura A3. Mensagem de alerta do Android.

A febre e o baixo nível de oxigénio são sinais comuns de COVID-19; quando ambas as condições ocorrem ao mesmo tempo, é necessário um rastreio e testes de emergência. Para prestar serviços de emergência, a localização e o historial de dados são fornecidos aos profissionais de saúde através de uma chave API de leitura do servidor de nuvem IoT.

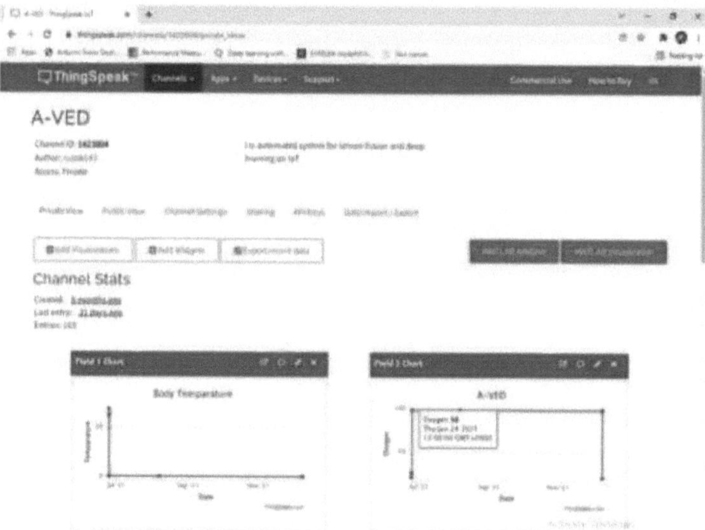

Figura A4. Canal ThingSpeak do servidor de nuvem IoT.

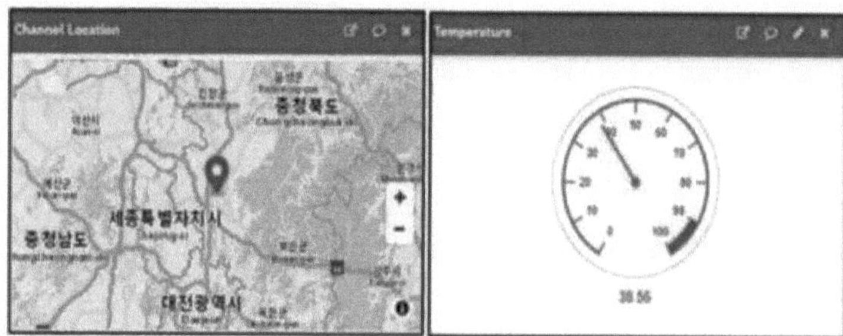

Figura A5. Visualização dos dados do GPS e do sensor de temperatura corporal na nuvem ThingSpeak.

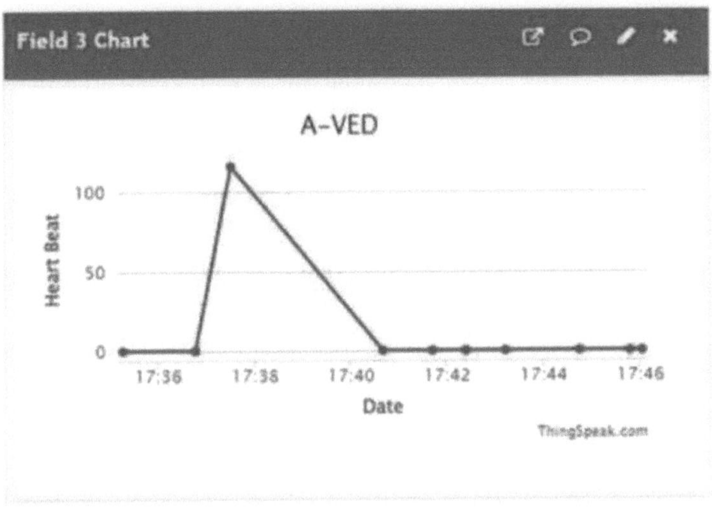

Figura A6. Gráfico de batimentos cardíacos na nuvem IoT.

5. Conclusões

Apresentamos uma nova técnica de SF incorporada num dispositivo com uma rede neural profunda; este método "procura" formas de ajudar a controlar uma pandemia. A precisão do dispositivo é de 98-99%, em comparação com dispositivos comerciais. Para evitar alertas falsos positivos, o algoritmo SF tomou automaticamente medidas de precaução sem interferência humana (características principais deste documento). O método proposto identifica os indivíduos suspeitos de estarem infectados com COVID em tempo real e facilita o rastreio e a localização através de um sensor GPS. O método apresentado é económico, prático, escalável, fácil de utilizar e centrado na pandemia. Tanto quanto é do nosso conhecimento, este método é o primeiro a implementar a tecnologia SF num dispositivo vestível para controlo da pandemia. O dispositivo proposto tem aplicação principalmente em duas categorias principais - dispositivos vestíveis e dispositivos para áreas públicas. Os dispositivos vestíveis podem ser utilizados por doentes com COVID-19 ou com outras doenças graves que necessitem de monitorização contínua de dados em tempo real na ausência de um médico. Se o dispositivo for utilizado em locais públicos (por exemplo, escolas, centros comerciais, 1 estações de comboios e autocarros, aeroportos, locais turísticos), a deteção de máscaras faciais garantiria que as pessoas usassem as suas máscaras corretamente. O dispositivo é escalável, barato, simples de implantar, fácil de utilizar e guarda de forma segura os dados de saúde. É possível a monitorização remota (sem consulta médica presencial); os dados registados continuamente são partilhados. A chave API de leitura de dados permite a um utilizador controlar completamente os dados; qualquer outra pessoa precisa de uma autorização específica para ver os dados.

No futuro, aumentaremos a precisão do dispositivo e tentaremos reduzir o tamanho do dispositivo para o tornar mais fácil de utilizar. Além disso, planeamos incluir sensores adicionais com microprocessadores para outros tipos de doenças, como a diabetes e a paragem cardíaca. Os dispositivos IoT são vulneráveis a ciberataques. Assim, os dados que fluem do dispositivo para a nuvem têm de ser encriptados e, por conseguinte, é necessário acrescentar medidas de segurança para evitar ciberataques. Os dados de saúde são "grandes dados"; o armazenamento e o acesso aos dados constituem um desafio e os investigadores pretendem resolver estas questões.

CAPÍTULO 4

Biotecnologia Quântica e a Internet das Coisas dos Vírus: Para um quadro teórico

1.Introdução

Uma teoria quântica imaginativa e presciente (TQ), também designada por mecânica quântica (MQ), faz parte da teoria quântica de campos (TQC) [1] (p. 1877) que expõe as propriedades físicas da natureza num âmbito atómico e explica a física quântica como a criança de ouro da ciência moderna. Um aspeto insustentável e desconcertante da QM é o fenómeno da dualidade onda-partícula, em que os objectos funcionam como ondas e partículas. Um dos triunfos científicos supremos do século XX foi o desenvolvimento da QM e o subsequente desenvolvimento da onda primária de aplicações, por exemplo, computadores, smartphones, transístores, supercondutores, lasers e muitas outras.

Os Sistemas de Informação Quântica (SIQ) [2] representam três áreas principais: computação quântica, controlo quântico e comunicação quântica, e estas disciplinas estão associadas umas às outras com base no conceito de QM. A computação quântica (CQ), os sensores quânticos e a simulação quântica são exemplos de tecnologias quânticas [3], em que as propriedades da QM são importantes. A inteligência artificial (IA), a computação quântica (CQ) e a aprendizagem automática (AM) são três tecnologias com um potencial inimaginável. Por conseguinte, foram integradas em conjunto para obter um benefício quântico, no qual algoritmos complexos podem ser computados inexoravelmente mais depressa do que com o supercomputador clássico, dando impulso a um conceito revolucionário designado aprendizagem automática quântica (AMQ) [4] (pp. 1-2).

A Inteligência Quântica (IQ - IA quântica) [5] (p. 4), é uma solução ideal emergente para melhorar o problema notoriamente incómodo e o processo ineficiente de descoberta de vacinas. Podemos imaginar o futuro papel da QI na descoberta e desenvolvimento de vacinas, resolvendo problemas desconcertantes com veracidade avançada, o que produzirá um benefício quântico na introdução da descoberta de novas vacinas. As empresas farmacêuticas centram-se no ARN mensageiro (ARNm) [6], um tipo ı de ARN encontrado nas células e moléculas que transportam a informação genética necessária para produzir proteínas.

Algumas empresas farmacêuticas estão a alargar os seus horizontes com a ajuda do QI, o que está a permitir avanços fundamentais na análise de dados e na modelação preditiva para impulsionar a aquisição de conhecimentos, fornecendo informações essenciais sobre a investigação e o desenvolvimento do mRNA. As vacinas contra a COVID-19 utilizam ácidos nucleicos denominados ARNm e não colocam esses desafios de contaminação. O potencial da empresa de biotecnologia para tirar partido da promessa da tecnologia de ARNm é um feito monumental no tratamento de doenças infecciosas como a COVID-19.

Numa nova era de vacinas, as vacinas de ARNm representam uma conquista significativa. A Quantum Biotech (QB) [6] (pp. 1-8) [7] é um facilitador essencial emergente que, atualmente, atrai uma grande quantidade de assistência, e a sua missão é criar uma nova classe de vacinas de QmRNA em poucos dias. O ARN [7,8] (p. 1) é um conceito novo que envolve uma abordagem quântica ao tratamento de doenças apenas com ARNm e tem a plausibilidade de revolucionar a forma como as vacinas são descobertas, desenvolvidas e fabricadas - a uma velocidade quântica, amplitude quântica e escala quântica. Os vírus e as bactérias são seres vivos infinitesimais que podem causar doenças nos seres humanos.

Embora estes micróbios tenham algumas características comuns, são também muito diferentes. Os investigadores concordam que as bactérias e os vírus têm um meio de comunicação imaculado; motores, sensores e arquitetura de processamento incorporados; e uma capacidade eficiente de armazenamento de informação. Agora as bactérias e os vírus podem juntar-se à rede. A melhoria da QB, a QI, a nanotecnologia e as redes de vírus estão a receber cada vez mais apoio na investigação científica, inspirando a constituição da Internet das bio-nano coisas (IoBNT) [3- 6, 9, 10], [11] (pp. 1-2), que envolve uma arquitetura de comunicação que engloba entidades biológicas, dispositivos à escala nanométrica e sensores.

A influência e o dinamismo unidos da tecnologia e dos dados da IoT são adaptados a vários processos industriais e de fabrico para automatizar, prever, racionalizar o processo e melhorar a produtividade. A IoT é uma rede de dispositivos ligados e que fornecem informações à comunidade IoT. A Internet de ı

Everything (loE) é um superconjunto de loT, construído com base na atual infraestrutura de loT. Tal como a IoBNT, uma versão biológica da Internet que utiliza vírus, a Internet das Coisas com Vírus (IoVT) [9], [10] (pp. 22-23), [11] pode perdurar. Por conseguinte, a IoVT é uma subclassificação da IoT. No presente estudo, os termos IoT e IoVT são utilizados indistintamente.

A integração da tecnologia de mRNA, QC, QI e IoVT pode subsistir para formar um sistema QBIoVT que pode fazer avançar a descoberta de vacinas de QmRNA de nova classe em poucos dias. O objetivo deste estudo foi consolidar a metodologia da literatura relevante e centrada no contexto para desenvolver um novo quadro teórico de QBIoVT. 1.1. Antecedentes e justificação do estudo A teoria do advento e do desenvolvimento é uma "pepita de conhecimento" significativa e uma matriz da bússola académica.

Os académicos atribuem um valor estimado às estruturas teóricas. Embora tenha havido uma evolução na compreensão da teoria no domínio do SI e do SQI nos anos contemporâneos, o processo de desenvolvimento da teoria é abordado raramente com contribuições provenientes de outras disciplinas e um esforço inadequado para as harmonizar de forma significativa. Recentemente, houve uma extensa investigação sobre a disciplina da IoT, mas, até agora, não foram propostas e desenvolvidas muitas teorias no domínio da IoT. Existe uma preocupação prevalecente de que a disciplina de QIS ou IS não confere um desenvolvimento teórico aplicável. Não existe na literatura teoria sobre o domínio do sistema QBIoVT (disciplinas que abordam a biotecnologia quântica, principalmente associada ao QmRNA, soluções de software do sistema operativo quântico (QOS) e assuntos, especificamente filosofia, antropologia, socioeconómica, psicologia e dimensões éticas).

Até à data, a disciplina de QIS não é bem compreendida pelos académicos de outros domínios. Além disso, o desenvolvimento de novas teorias e a aplicação das teorias prevalecentes foram deixados de lado nos domínios da SI e do SIGQ [12] (pp. 2-4, 20). Atualmente, a importância do tema do sistema QBIoVT está a ganhar força na descoberta de vacinas de QmRNA devido à crise pandémica da COVID-19. Um desafio importante a este respeito é a forma como a indústria farmacêutica pode adaptar a sua plataforma tecnológica tradicional e executar a inovação do sistema

QBIoVT para descobrir uma nova classe de vacinas quânticas.

Para preencher a lacuna existente na literatura, o presente estudo apresenta uma abordagem ı

compreensão da direção holística para desenvolver um novo quadro teórico QBIoVT 1.2. Contribuições significativas Este estudo apresenta factores convincentes para o paradigma QBIoVT, centrando-se num quadro teórico ainda inexplorado e inexplorado. A investigação farmacêutica, especialmente a descoberta de medicamentos/vacinas, está repleta de fracassos dispendiosos.

Ao prever caminhos mais rápidos e melhores para a descoberta de vacinas bem sucedidas, é possível evitar muitos dos becos sem saída. A integração de QI e de ferramentas biológicas de ponta à escala pode ultrapassar claramente o instinto e permitir verdadeiramente modelos de previsão. Um dos conhecimentos significativos para o reconhecimento da quantumização, termo cunhado neste estudo, método do motor de investigação permite criar mecanismos de proteção contra pandemias para construir uma sociedade melhor. A contribuição convincente abrange a integração de QI e mRNA para formar uma plataforma tecnológica de QmRNA para a descoberta de vacinas de QmRNA.

Uma das contribuições do quadro proposto é o conhecimento refinado da decisão estratégica da IoVT através da adoção de uma análise topológica. A avaliação das estratégias de IoT é feita a partir da tecnologia push e marketplace pull e da intenção estratégica do gestor. Esta investigação confere uma importância de gestão significativa para as empresas que adoptam a estratégia de IoVT para obterem uma vantagem competitiva sustentável. Assim, a contribuição significativa deste estudo é a introdução de um novo quadro teórico do sistema QBIoVT que não prevalece, até agora, na literatura.

1.3. Organização

O resto do presente documento de investigação está organizado da seguinte forma: Na Secção 2, é apresentada uma revisão e síntese exaustiva da literatura. Na secção 3, a fundamentação teórica descreve os limites da QBIoVT, a colunata da IoVT e as teorias relevantes que sustentam o quadro teórico. Na secção 4, é descrita uma metodologia centrada no contexto, considerada a mais adequada para este estudo. O paradigma QBIoVT é apresentado delineando a QB, especificamente a plataforma de tecnologias QmRNA, e a visão geral da IoVT, a arquitetura básica e os componentes arquitectónicos na secção 5. Na secção 6, é descrita uma lista de áreas prioritárias, desafios e aplicações do QBIoVT. Na secção 7, é apresentado um novo quadro teórico do QBIoVT e os contributos desse quadro.

discutidos. As lições aprendidas consolidadas e a agenda de investigação futura são explicadas na Secção 8. Na secção 9, é desenvolvido o quadro teórico que não foi abrangido por teorias anteriores. 2. Revisão e síntese da literatura Uma revisão exaustiva da literatura anterior e relevante é imperativa para qualquer tópico de investigação académica.

Uma avaliação convincente gera uma base sólida para impulsionar novos conhecimentos para a literatura. Além disso, facilita o desenvolvimento de teorias, tópicos em que existe uma grande quantidade de investigação, e revela disciplinas em que é necessária mais investigação. O principal desafio do sistema QBIoVT para a descoberta de vacinas de QmRNA é a escassez de investigação existente no âmbito do desenvolvimento de um novo quadro teórico. No entanto, existe uma extensa literatura sobre os tópicos de IoT, mRNA, QC e IA. A vasta literatura centra-se nos seguintes tópicos associados: (i) disciplinas QIS/IS relacionadas com o desenvolvimento do quadro teórico do sistema QBIoVT; (ii) blocos de construção QB especificamente na plataforma tecnológica de mRNA para a descoberta de vacinas de QmRNA; (iii) aplicação de QI para plataformas de mRNA; (iv) infraestrutura e arquitetura IoVT, confiança, segurança, privacidade, compatibilidade e questões regulamentares; e (v) algoritmos e protocolos quânticos.

1. Critérios de seleção da literatura

A revisão exaustiva da literatura para este estudo foi efectuada de acordo com os seguintes critérios: 1. Foram consultadas bases de dados bem estabelecidas (SCOPUS, IEEE Xplore, MDPI, PubMed, arXiv, IOP) e revistas internacionais reputadas e revistas por pares dos anos 1985 a 2021. O motor de busca da Web (Google Scholar) indexa os artigos académicos em texto integral. 2. Livros da Wiley, Nature, Springer e books.google.com foram a base desta investigação entre 1985 e 2021. 3. Literatura sobre tecnologia e sistemas quânticos - Pesquisou as bases de dados do Google Scholar, PubMed, SCOPUS e ResearchGate utilizando as palavras-chave "IoT" e COVID-19. 4. Technology Review publicada pelo Instituto de

Tecnologia de Massachusetts (MIT). 5. EPPI-Reviewer inclui revisões sistemáticas, meta-análises, revisões "narrativas" e meta-etnografia contendo mais de um milhão de itens - versão 4.11.5.2 (16 de novembro de 2020). 6. Actas de conferências internacionais. 7. Teses de doutoramento (publicadas). 8. Livros brancos de mercado, industriais e científicos sobre i tendências, perspectivas e aplicações do sector da inteligência conectada. 2.2. Relações entre tópicos relacionados e perspectivas Uma análise exaustiva da literatura ajudou a identificar as principais dimensões dos seguintes tópicos relacionados com a racionalização dos sistemas QBIoVT:

2. Desenvolvimento de teorias e QIS ou IS

A disciplina QIS ou SI é um fenómeno complexo e multidimensional [12] (p. 449) e significa a utilização de várias disciplinas para estudar o desenvolvimento de uma teoria baseada na diversidade de contextos no âmbito das tecnologias de informação relevantes. De um ponto de vista concetual, não há razões suficientes para aceitar que o QIS é qualitativamente diferente dos sistemas de informação clássicos (CIS) ou simplesmente designados por SI [13].

Até à data, não foi estabelecida uma base teórica comum bem aceite para um sistema de informação, apesar de a diversidade na investigação e na prática dos SI ter atingido uma importância significativa. Além disso, não existe um núcleo de uma teoria bem aceite. Do ponto de vista da comunicação, existe apenas um tipo de dados, e fisicamente neutros, e os modelos clássicos para o QIS asseguram um apelo filosófico e concetual específico. As disciplinas de SI e QIS abrangem uma série de tópicos, incluindo as tecnologias da informação e da comunicação (TIC), a tecnologia operacional (TO), a IoVT, a QB, a QI, a tecnologia mRNA, a análise e a conceção de sistemas, as redes informáticas, a segurança da informação, a gestão de bases de dados e os sistemas de apoio à decisão [7-10,12,13].

Os três componentes dos sistemas de informação incluem o software, o hardware e os dados - todos classificados na categoria de tecnologia. Compreender como os produtos técnicos são criados e utilizados nas empresas é uma faceta central da disciplina de investigação IS e QIS. O QIS e os SI são disciplinas relativamente novas no contexto da QBIoVT. Os tópicos da revisão da literatura e as referências relacionadas estão listados nos Quadros 1-4 abaixo, e as subsecções da discussão em torno de cada tópico conferem percepções significativas a esta investigação.

QmRNA Embora um gene distinto necessite de fazer o seu trabalho, ele faz uma cópia de si mesmo, que é chamada de mRNA. Durante as últimas três décadas, os estudiosos de vacinas ficaram fascinados e desanimados com o potencial do mRNA. Atualmente, os investigadores estão a testar vacinas candidatas que utilizam o ARNm, sem utilizar partes reais do vírus, para gerar o sistema imunitário e criar anticorpos defensivos. ﹐

O ARNm é uma molécula frágil, o que significa que tem de ser revestido por uma camada protetora de gordura para se manter estável, e as condições de refrigeração têm a ver com a forma como o ARNm foi fabricado e estabilizado [23].

Um aspeto fundamental da fisiologia humana e vital para desencadear o sistema imunitário são as minúsculas partículas de código genético que são a chave para influenciar as células na construção de proteínas. O ARNm orienta a produção de proteínas do corpo de uma forma muito mais fixa. As vacinas experimentais receberam aprovação (autorização de emergência de utilização), pela primeira vez, de organismos reguladores, como a Food and Drug Administration (FDA, EUA) [23] (p. 3) e a European Medicines Agency (EMA) [23] (pp. 3-9) que utilizam a tecnologia de ARNm.

Esta aprovação é uma sorte inesperada para a tecnologia de ARNm, uma plataforma totalmente nova, que durante muito tempo foi considerada um desejo. Os investigadores de empresas como a Moderna [24] e a Pfizer (BioNTech) [25] utilizaram um ARNm sintético que contém informações sobre a proteína de pico caraterística da COVID-19 e demonstraram que a vacina baseada na plataforma tecnológica de ARNm confere mais de 90% de eficácia na prevenção da COVID-19 sintomática [23-25] - Pfizer/BioNTech e Moderna, pelo que a distinção entre a vacina Moderna e a vacina Pfizer/BioNTech reside na forma como o ARNm sintético das vacinas é fabricado e embalado.

Recentemente, foram introduzidos algoritmos genéticos de inspiração quântica (QGAs) para a previsão de estruturas secundárias de ARN, demonstrando superioridade em relação às estratégias existentes. Os investigadores introduziram um novo QGA denominado algoritmo genético quântico assistido por múltiplas populações (MAQGA) [26], que demonstra o desempenho dos algoritmos genéticos com melhorias substanciais.

O Santo Graal da descoberta de vacinas in silico de ponta a ponta envolve a avaliação e a decomposição de toda a estrutura química do vírus e da cura. Os computadores quânticos, se forem comercialmente bem sucedidos como sistemas tolerantes a falhas, permitirão a descoberta de vacinas in silico de ponta a ponta. Em 2030, com a tecnologia QmRNA, todo o processo se transformará numa simulação quântica que pode eliminar 99,9% das pistas falsas numa fração de tempo, permitindo a descoberta de vacinas por QmRNA em poucos dias [27].

l

3. Arquétipo IoVT

A literatura disponível sobre IoT, IoE e outros tópicos associados, como a Internet das Coisas Médicas (IoMT), a Internet das Nano Coisas (IoNT) e a Internet das Bio-Nano Coisas (IoBNT), foi objeto de uma análise exaustiva A IoT não é um conceito nem um tópico de nicho. A IdC é uma rede, a verdadeira rede tecnológica de todas as redes, que transforma os objectos físicos do quotidiano e enriquece a sociedade. O aproveitamento da IdC em ambientes interiores pode evitar que doenças altamente infecciosas se propaguem rapidamente, nomeadamente durante as pandemias. Até mesmo as indústrias mais pobres adoptaram a tecnologia IoT.

Isto não significa que a implantação da IdC seja normal e sem sobressaltos; coloca amplos desafios na adoção e execução de projectos IdC. Eis alguns dos desafios que se colocam ao futuro da IdC: (i) a cibersegurança é uma preocupação e a IdC oferece uma potencial vulnerabilidade, estando os dispositivos IdC abertos a ataques de botnets; (ii) a compatibilidade é um problema, uma vez que a IdC é um ecossistema complexo de várias tecnologias e ainda carece de normas de controlo de qualidade. A promessa de mudança de vida da tecnologia IoMT é a capacidade de recolher, analisar e comunicar eficazmente dados de saúde em massa.

As ferramentas IoMT são utilizadas para minimizar os encargos dos sistemas de saúde durante a pandemia de COVID-19. Uma das áreas de investigação emergentes é a das bio-nano matérias em bactérias ou vírus. Embora, de um modo geral, a investigação e o desenvolvimento de dispositivos IoT prossigam, existem diversas aplicações em que são necessárias "coisas" microscópicas e não invasivas. Este conceito é designado por IoNT [37] e permite a natureza artificial dos dispositivos IoNT que podem ser perniciosos quando a implantação de "Nano Coisas" pode criar problemas de saúde indesejados e indesejáveis.

As funcionalidades no domínio bioquímico, baseadas em células biológicas, "Bio-Nano Things", têm o potencial de dotar aplicações como agentes de controlo ambiental, redes de actuadores e dispositivos de deteção intra-corporais. As ferramentas da biologia sintética e da nanotecnologia que permitem a conceção de dispositivos informáticos biologicamente incorporados criam os arquétipos IoBNT [38]. Com a conjugação de mRNA, QC e QI, a visão deste estudo centra-se nos vírus como dispositivo IoT. Embora tenha sido publicado um vasto trabalho de investigação sobre os conceitos relacionados com a IoT, os estudos baseados na investigação QBIoVT não i

existente na literatura. Além disso, a teoria associada à adoção e execução do QBIoVT é inexistente na literatura.

Computação Quântica (CQ) e Inteligência Quântica (IQ) A tecnologia revolucionária da CQ ainda se encontra na sua fase nascente, em que a QM converge com a teoria da informação para resolver muito mais rapidamente determinados problemas computacionais especializados, como a química computacional. A simulação de QM é uma aplicação única para ferramentas de ML de ponta. As futuras aplicações no domínio da simulação quântica (QS) beneficiarão cada vez mais do processamento de dados quânticos por técnicas de ML [60].

A QI oferece as seguintes ligações possíveis entre a CQ e a IA: (i) resolver um problema clássico de IA a partir da referência da CQ e (ii) explorar as possíveis sinergias entre a CQ e a IA. A aplicação de algoritmos quânticos em técnicas de IA aumentará as capacidades de ML, permitindo o desenvolvimento da indústria farmacêutica, especificamente na descoberta de vacinas. Além disso, os investigadores fizeram avançar a investigação sobre CQ, aproximando a computação clássica da quântica, ao demonstrarem um avanço nos algoritmos quânticos optimizados que resolvem o famoso modelo de Fermi-Hubbard utilizando o hardware de CQ atualmente disponível, oferecendo um caminho para a compreensão e o desenvolvimento de novos materiais [8,60,61]

4. Fundamentação teórica

QBIoVT Fundamentos, Limites e Abordagens de Investigação O axioma básico da biotecnologia é a exploração de objectos bióticos artificiais para o bem-estar da humanidade. O credo fundamental da biologia molecular define os genes como sendo transcritos do ADN para o ARNm e cada ARNm, por sua vez, traduzido em proteínas. A QB é uma disciplina de grande alcance em que organismos, fenómenos biológicos, células ou componentes celulares se manifestam no desenvolvimento de QmRNA.

A literatura sobre áreas prioritárias, desafios, aplicações e estrutura arquitetónica de QmRNA, QC, QI e IoVT foi reforçada através da revisão da literatura para reforçar a investigação e ajudar no desenvolvimento da estrutura teórica. Para identificar a literatura relevante, foram seguidos os seguintes passos (i) utilização dos termos-chave QC, QI, IoT, IoBNT, IoVT, mRNA no Google Scholar; (ii) o Google e o Firefox também foram utilizados para pesquisar white papers da indústria relacionados com QC, 1 QI, IoT, IoBNT, IoVT, aplicações de mRNA e questões de segurança/privacidade/risco; (iii) exploração das principais revistas, tais como IEEE, Science Direct (Elsevier), Emerald Insights; (iv) pesquisa em bases de dados de investigação académica para identificar teorias relevantes; (iv) actas de conferências relacionadas com o tema do trabalho de investigação. Um dos principais problemas foi a falta de investigação existente sobre IoVT, QBIoVT e protocolos de tratamento para a descoberta da vacina de QmRNA.

No entanto, este estudo foi formulado com base na síntese de investigação atual e existente relacionada com tópicos associados ao sistema QBIoVT. O QC e o QI estão a revelar-se benéficos para acelerar o processo de descoberta de vacinas de QmRNA. Várias organizações, como os laboratórios da IBM, Moderna e Pfizer (BioNTech), começaram a adotar a utilização de QC, QI, mRNA e IoT para identificar potenciais vacinas. Além disso, o QML, um subconjunto do QI, tem-se revelado eficaz no processo de descoberta de vacinas de QmRNA. 3.2. Colunata QBIoVT A colunata do sistema QBIoVT, que inclui o arquétipo IoVT, a confiança, o risco, a privacidade e as questões de segurança, como se mostra, é discutida nesta secção.

O Envisage IoT é concebido como uma versão biológica da IoT. Os vírus armazenam e processam a informação sob a forma de estruturas de ADN chamadas plasmídeos, que comunicam de um organismo para outro num processo chamado conjugação [30], gerando um mosaico de redes convolutas. Os vírus são constituídos por um invólucro proteico chamado capsídeo e reproduzem-se e sobrevivem através do controlo da célula hospedeira e da utilização dos seus ribossomas para produzir novas proteínas virais. Os antibióticos não funcionam contra os vírus e podem ser evitados através da vacinação.

Os vírus interagem diretamente com os microrganismos, colocando desafios práticos e éticos. Estes incluem o manuseamento seguro dos micróbios e os desafios bioéticos e de biossegurança. As considerações sobre a privacidade e as questões éticas relacionadas com os dados dos utilizadores aplicar-se-iam aos sistemas IoT com vírus. Como os vírus podem evoluir e comportar-se de forma autónoma, podem constituir uma ameaça para os ecossistemas naturais e até tornar-se patogénicos. As redes de vírus baseiam-se na transferência de dados (codificados no ADN) através de um processo natural de motilidade celular.

Um vírus altamente modificado pode fornecer sistemas de comunicação eficientes e pode produzir mutações inesperadas que colocam novos desafios éticos. Em ı

Nos primeiros tempos da pandemia de COVID-19, a única forma de quebrar a cadeia de infeção era o mascaramento e o distanciamento social. Apresentamos uma aplicação IoVT na monitorização do distanciamento físico para situações de pandemia com uma estrutura proposta que consiste em três elementos: (i) nó IoT, (ii) uma app para smartphone, e (iii) ferramentas baseadas em ML para análise de dados e diagnóstico. Através das aplicações para smartphone, o nó IoVT monitoriza as orientações de saúde para apresentar as condições de saúde do paciente.

As aplicações alertam o doente para manter uma distância física mínima de 1,5 m, que é uma orientação básica no controlo da propagação do vírus para minimizar a exposição ao risco de COVID-19. A IoVT compreende quatro pilares: dados, coisas, pessoas, processos que estão ligados de forma inteligente a milhares de milhões de sensores para distinguir a calibração e avaliar as suas condições. O "processo" é fundamental na medida em que os três pilares "pessoas, dados e coisas" interagem entre si para gerar valor e proporcionar uma experiência imersiva ao utilizador no mundo ligado da IoVT. Com o processo exato, a conetividade confere valor acrescentado devido aos dados concisos entregues à pessoa adequada, no momento adequado e da forma adequada.

No epicentro do paradigma da Internet, os "dados" são a base. Assim, a terceira geração da "Internet para as pessoas" tornou-se a quarta geração da

"Internet das coisas para benefício das pessoas". As "coisas" incluem dispositivos físicos, sensores e máquinas que comunicam entre si e com a Internet. As "coisas" detectam dados para ajudar as máquinas e as pessoas na IoVT a tomar decisões valiosas. Em resumo, os quatro pilares da IoT promovem a inovação aberta para confiar na experiência do utilizador. Quando a Internet progredir em direção à IoVT, as pessoas estarão ligadas de uma forma inestimável e transformarão as indústrias, bem como as nossas vidas.

5. Confiança no IoVT/QmRNA

As teorias da QM são tão abstractas, complexas e filosóficas que não são plausíveis de encontrar aplicações fora do domínio da teoria quântica. A cognição quântica é a aplicação da QM para compreender a cognição e a psicologia humanas. No que diz respeito à vacina quântica, é necessário compreender como se desenvolve a confiança e como a cognição humana é afetada pela confiança, especificamente em ambientes de crise pandémica. A confiança é omnipresente em toda a cognição, e o objetivo é compreender como funciona a confiança para que se possa compreender melhor o que 1

acontece quando a confiança se quebra.

Na mecânica quântica, um contexto não provoca diretamente um resultado diferente, mas explica uma relação complexa com outras decisões que se tomam simultaneamente para decidir se se deve ou não confiar. Existe uma desconfiança geral em relação à QI e compreender como gerar interacções consequentes baseadas na confiança entre os seres humanos e a QC será fundamental para o sucesso da sociedade. A utilização de tecnologia de ponta, como o mRNA, como diferenciação para conferir até 95% de eficácia na descoberta e desenvolvimento de vacinas tornou-se a escolha das entidades reguladoras, como a FDA e a EMA, dos hospitais e das unidades de saúde. A gestão da confiança deve ser baseada em princípios éticos, respeitosa e fiável. As iniciativas de gestão da confiança que incorporam aplicações inovadoras da tecnologia de ARNm acrescentam valor para os doentes.

Membros da equipa bem formados e perfeitamente integrados com a tecnologia de ARNm permitem dar destaque às seguintes necessidades ambientais negligenciadas: (i) controlo de infecções, (ii) garantia de qualidade e (iii) conformidade regulamentar. 3.2.3. Segurança, privacidade e risco da IoVT/mRNA Todas as vagas de tecnologia de ponta, incluindo a aprovação e a promulgação da IoT, têm os seus próprios desafios. A implementação e a gestão da IoT colocam desafios, nomeadamente em matéria de privacidade, segurança e risco.

O sistema IoVT depende de comunicações, sensores, nuvem, armazenamento e programas de software, o que intensifica as preocupações com a privacidade, a segurança e o risco. Essas preocupações ainda prevalecem e não estão resolvidas em torno da privacidade e da segurança, criando riscos num mundo cada vez mais ligado à IoT. De acordo com um inquérito recente realizado por investigadores [77], os principais obstáculos ao crescimento da IdC são as preocupações com a privacidade e a segurança. Os académicos [58] referiram que os principais desafios de segurança na IdC são: i) controlo do acesso, ii) privacidade, iii) aplicação de políticas, iv) confiança, v) segurança móvel e do middleware, vi) confidencialidade e vii) autenticação.

As vulnerabilidades da IoVT podem ser atenuadas através das melhores práticas de segurança. Para enfrentar os desafios de segurança, as partes interessadas têm de organizar o seu pensamento da seguinte forma: a) segurança na fase de conceção, b) gestão da segurança a melhorar, c) características de segurança baseadas em práticas comprovadas, d) definição de prioridades de segurança, e) transparência da IoVT e f) conetividade cuidadosamente implementada. medida que os dispositivos IoT proliferam em ambientes descontrolados, complexos e i

ambientes desfavoráveis, a segurança dos sistemas IoT coloca desafios únicos. Por exemplo, uma vez que vários dispositivos são pontos de entrada num sistema IoT, a autorização e a autenticação de dispositivos são capazes de proteger os sistemas IoT.

Antes de aceder aos gateways e às aplicações, os dispositivos devem estabelecer a sua identidade. Além disso, é de notar que muitos dispositivos IoT caem por utilizarem uma autenticação por palavra-passe fraca. As plataformas IoT devem fornecer serviços de autorização de dispositivos para determinar quais as aplicações, serviços ou recursos a que cada dispositivo tem acesso em todo o sistema. Seguem-se as percepções comuns e o perfil de segurança das vacinas de ARNm: (i) as vacinas de ARNm contra a COVID-19 foram rigorosamente testadas quanto à segurança antes de serem autorizadas pelos reguladores; (ii) a tecnologia de ARNm é um conceito novo e, há mais de duas décadas, os investigadores têm vindo a persegui-lo; (iii) as vacinas de ARNm não comportam o risco de causar doenças na pessoa vacinada e não contêm um vírus vivo; e (iv) o ARNm não afecta nem interage com o ADN de uma pessoa.

Teorias relevantes que suportam o QBIoVT Neste estudo, são explicadas as teorias relevantes que suportam os fenómenos quânticos para justificar a construção do quadro teórico que estabelece ligações com as aplicações do sistema QBIoVT para a descoberta de vacinas. Uma vez que o quadro teórico é definido como o conjunto de teorias, modelos, conceitos e definições relevantes existentes que são utilizados num campo de estudo específico, estruturámos a base teórica com base nas seguintes teorias como evidência para apoiar e manter um ecossistema QBIoVT:

A teoria da interface IoT fornece a interação entre a coisa, o serviço e o utilizador, para a qual é formalizada como uma automação de interface para aplicações QBIoVT, onde "tudo" e serviços interagem com o mundo físico [78]. A teoria da comunicação confere o processo de informação, as disciplinas interdisciplinares das comunicações interpessoais, o paradigma psicológico e a dimensão filosófica e social relacionados com as aplicações QBIoVT [79]. A teoria dos sistemas quânticos aplicada às aplicações de análise de sistemas QBIoVT. Um dos mecanismos vitais da análise de sistemas é o pensamento sistémico, que permite contornar os sistemas a partir de uma perspetiva ampla, em vez de eventos específicos do sistema.
1
A teoria quântica nasceu como uma teoria idiossincrática para elucidar o fenómeno quântico. Com base na mecânica quântica, o domínio da computação quântica tornou-se rapidamente uma ferramenta quântica para obter uma representação precisa dos sistemas moleculares com uma maior exatidão na conceção de medicamentos e nas aplicações de descoberta de medicamentos. Os teóricos da complexidade computacional há muito que sugerem que os computadores quânticos serão a chave para desvendar os mistérios da natureza e para fazer avançar a descoberta de vacinas ou medicamentos [80,81].

A Teoria da Transparência confere fundamentos de transparência em que as acções e decisões das indústrias, como a indústria farmacêutica, estão abertas à investigação [82]. A teoria da decisão matemática está no cerne da IA e a álgebra linear é algo sem o qual os peritos em IA não podem viver. A modelação matemática permite a identificação de alvos promissores de medicamentos in silico. A teoria da decisão é uma abordagem interdisciplinar para chegar às decisões e está relacionada com as abordagens de resolução de problemas no poder da IA [83].

A teoria da complexidade reconhece estes fenómenos organizacionais e confere um conhecimento do modo como os sistemas evoluem. A CQ é tão poderosa porque torna possíveis os algoritmos quânticos, mesmo quando essas tarefas são complexas. Para compreender o que isto significa, é necessário rever a teoria da complexidade, o estudo do esforço computacional necessário para executar um algoritmo [84]. A teoria da computação trata dos problemas computacionais que podem ser resolvidos eficazmente através do modelo computacional utilizando um algoritmo quântico [85].

Considerações teóricas éticas inerentes a todas as fases do processo de descoberta de vacinas. Esta teoria orienta a ética dos cuidados baseada nas relações interpessoais morais e nos cuidados como uma virtude [86].

Metodologia Depois de analisar os requisitos metodológicos da IoVT forense e as sugestões feitas pela comunidade de investigação, é proposta uma metodologia centrada no contexto [87] (p. 1) para realizar investigações no domínio da IoVT. Com base no estado atual da IoVT forense, nos desafios e nas necessidades da situação pandémica, a dimensão de confinamento da IoVT é explorada na perspetiva das características do sistema QBIoVT. A avaliação da metodologia proposta em cenários de segurança revela-se aplicável e eficaz em i
investigadores em casos futuros.

A escassez do âmbito da segurança executada em sensores ou dispositivos IoVT aumentou a subtileza dos dados que cativaram o ambiente para ciberataques. Assim, as investigações forenses digitais motivaram a obtenção de informações significativas sobre o que acontece. Pela primeira vez, é recomendada uma metodologia centrada no contexto para realizar investigações forenses do paradigma QBIoVT para implementar um papel específico na investigação da descoberta da vacina QmRNA.

Uma metodologia centrada no contexto A heterogeneidade é a caraterística mais distintiva da IoVT. Os dados que são tratados em cada cenário são situações muito específicas e distintas, como as relacionadas com a descoberta de vacinas de QmRNA, que envolvem informações extremamente sensíveis que exigem uma investigação cuidadosa. Isto significa que uma investigação forense no ambiente IoVT para a descoberta de vacinas de QmRNA pode não ter semelhanças com qualquer outro domínio. As ciências forenses requerem normalização quando surge um paradigma totalmente novo, como é o caso do sistema QBIoVT.

Não é possível conceber uma metodologia específica para modelizar todos os dispositivos IoT, uma vez que não satisfará os requisitos. Nestas circunstâncias, é imperativo adotar uma metodologia adequada. Por conseguinte, propõe-se uma metodologia centrada no contexto [87] (p. 7) para abordar contextos específicos relacionados com a descoberta de vacinas de QmRNA. 4.2. Topologia para a metodologia centrada no contexto A metodologia pode ser modelada para funcionar nos sistemas operativos baseados na IoVT para executar uma função definitiva numa rede IoVT.

Exemplo: O sistema operativo Microsoft Windows 10 IoT Core é selecionado para conceber uma metodologia centrada no contexto que oferece muitas funcionalidades. Este sistema operativo tem de ser instalado num dispositivo com poder computacional adequado para executar aplicações complexas para gerir o intercâmbio de dados na rede.

Esta flexibilidade é encontrada em vários cenários de IoVT. É essencial uma interface de fácil utilização para interagir diretamente com o sistema IoVT, que permita às aplicações mostrar informações dando ao utilizador a opção de controlar a funcionalidade. Para a metodologia centrada no contexto, o modelo de topologia IoVT, como mostra a Figura 2, é moldado para as características principais da IoVT do Windows. O i

O dispositivo mais relevante na rede IoVT é o chamado "nó central", que executa o sistema operativo. Outros sistemas incorporados também executam acções mais simples que podem igualmente fazer parte da topologia. O nó central implementa as aplicações que fornecem a funcionalidade ao sistema e recebe informações dos sensores, bem como envia entradas para os actuadores executarem uma ação.

Do ponto de vista forense, o nó central é a principal fonte de provas, uma vez que é ele que armazena as informações e o intercâmbio de dados na rede passa por ele. O "nó central" com o sistema operativo Windows 10 IoVT Core é um computador de placa única. Os sensores são concebidos para realizar tarefas simples, devido às suas capacidades computacionais limitadas, e recolher informações sobre o estado das variáveis. Os actuadores executam uma ação e as suas características são as mesmas que as dos sensores.

A função do dispositivo de controlo é interagir com o ecossistema IoVT através dos serviços oferecidos pelos nós centrais. O objetivo principal é monitorizar o estado do sistema ou enviar ordens para o nó central. Esta metodologia está centrada em dar instruções práticas para as investigações. As fases que compõem a metodologia são as seguintes (i) identificação - o processo de determinar quais os dispositivos existentes no cenário que contêm dados relevantes para as investigações; (ii) aquisição - descreve a operação que envolve a criação das imagens forenses dos dispositivos; (iii) análise - detalha a inspeção dos dados contidos em cada um dos dispositivos IoVT marcados, (iv) avaliação - um procedimento para agrupar todos os dados recolhidos dos diferentes dispositivos e concluir como se enquadram no ambiente como um todo.

Metodologia de investigação Motivação A motivação para conceber uma nova metodologia para realizar investigações forenses no ambiente IoVT deve-se ao facto de este influenciar significativamente o processo de avaliação, o que exige uma nova abordagem associada à diversidade de sensores, opções de conetividade, capacidades computacionais, interacções na nuvem e acesso físico.

Diversidade de sensores, dispositivos e sistemas Em contradição com a ciência forense convencional, os objectos (dispositivos e sistemas) IoT são concebidos para realizar diversas tarefas em contextos díspares e específicos, como os cuidados de saúde, as casas inteligentes, as cidades inteligentes e os ambientes críticos. Por conseguinte, a multiplicidade [1]
dos dispositivos e sistemas IoT é imensa.

Além disso, a maior parte deles tem semelhanças com os dispositivos móveis e de secretária. A topografia da conetividade IoVT inclui muitos dispositivos que interagem entre si para realizar várias acções. A análise forense tradicional é egrégia ao deparar-se com exames que envolvem múltiplos dispositivos. Exemplo: um plano diretor no qual existem sensores, actuadores e um nó central. O sensor transmite dados ao nó central, que os interpreta e comunica (ou não) ao atuador relevante para realizar uma ação.

Capacidades computacionais Os dispositivos IoVT são concebidos para trocar informações entre si e não para efetuar tarefas complexas. No entanto, o seu poder computacional, a sua capacidade de armazenamento e a sua memória dedicada são reduzidos, o que lhes confere um tempo de vida curto. Por conseguinte, a metodologia IoVT exige uma abordagem que permita o intercâmbio de informações de forma adequada, ao contrário da investigação forense tradicional. Interação com a nuvem Dado que as capacidades computacionais limitadas dos dispositivos são compensadas com a utilização da nuvem, a questão das aplicações IoVT no ambiente da nuvem é um problema sério.

Consequentemente, a interação com a nuvem deve ser considerada de forma proactiva na conceção de uma metodologia forense no ambiente IoVT. Acesso físico Os dispositivos IoVT têm um tamanho tão compacto que lhes permite serem instalados em locais pequenos ou incorporados noutros objectos. Um dispositivo industrial pode estar dentro da máquina que está a operar. Isto significa que, em situações específicas, a imagem do armazenamento deve ser obtida através de um processo de aquisição forense em direto. A instalação do dispositivo BatteryLife IoVT em alguns locais não é adequada para a ligação à rede eléctrica. Por conseguinte, a utilização de baterias é uma fonte de energia que influencia o exame forense se o investigador precisar de efetuar uma análise ou uma aquisição forense em direto. A falta de energia da bateria provoca uma alteração dos dados nela armazenados durante o processo de reinicialização, influenciando assim as provas.

6. Paradigma QBIoVT

Os medicamentos de ARNm da Quantum Biotech (QB) não são nem pequenas moléculas nem produtos biológicos que estiveram na génese da indústria biotecnológica. A biotecnologia, mais concretamente ı
mRNA, explora processos bio-moleculares e celulares para cultivar tecnologias para a descoberta de vacinas. Há tantas coisas que se podem fazer se for possível criar células que produzam proteínas a partir do mRNA no corpo. O potencial das tecnologias de mRNA para transformar áreas da medicina, incluindo as doenças infecciosas, é imenso. As vacinas baseadas em mRNA prometem revolucionar o campo para oferecer novos processos de vacinação. A QB baseia-se na tecnologia quântica e na biologia. Distinguindo a natureza revolucionária das tecnologias quânticas,

as empresas farmacêuticas estão a reunir forças-tarefa quânticas para ultrapassar as limitações de escala dos métodos computacionais clássicos, permitindo que as soluções numéricas abordem a complexidade dos sistemas moleculares.

Módulos de base da QB As empresas farmacêuticas estão preparadas para se tornarem beneficiárias da QB, nomeadamente da plataforma tecnológica QmRNA. Os elementos constitutivos da QB, como se explica a seguir, asseguram a integração automatizada e sem descontinuidades de QC, QI, mRNA, Massive Data Analytics (MDA) [41] e IoVT, para escalar e assegurar uma procura de investigação cada vez maior na descoberta de vacinas de QmRNA: 1. A QC é uma tecnologia revolucionária que tem o potencial de oferecer uma forma de computação fundamentalmente diferente e utiliza três propriedades básicas da física quântica: sobreposição, emaranhamento e interferência. A caraterística básica da CQ é a capacidade de cifrar múltiplos estados em simultâneo e é essencial na era dos dados maciços para processar um enorme volume de dados.

O hardware quântico continua a melhorar, tanto em termos de qualidade dos bits quânticos (qubits) como de volume quântico, para afetar o QVD. Os dispositivos NISQ [88] (p. 137) e os algoritmos variacionais estão a permitir a aprovação e a comercialização da química quântica. 2. A IA é um candidato ideal para a CQ, facilitando a IQ com um imenso poder computacional para resolver problemas de otimização.

Um algoritmo de otimização quântica pode integrar todas as possibilidades e produzir os melhores resultados potenciais e promete ser exponencialmente mais rápido na descoberta de vacinas de QmRNA. A nível atómico, a CQ simula a natureza, pelo que poderia identificar novos materiais ou compostos químicos para a descoberta de vacinas de QmRNA em poucos dias. 3. Atualmente, os investigadores estão intrigados com as semelhanças entre os vírus e a computação. O IoVT utilizaria certos tipos de vírus, que os investigadores acreditam serem redes de sensores convincentes.

1

Os agentes patogénicos partilham uma afinidade com os componentes dos dispositivos informáticos típicos de IoT e os vírus devem ser considerados como um organismo vivo do dispositivo de IoT denominado IoVT, que poderá desempenhar um papel crucial na cadeia de frio necessária para manter as vacinas intactas. 4. A MDA é fundamental para aproveitar a capacidade e o dinamismo dos dados maciços. Utilizando ferramentas quânticas e métodos analíticos, os investigadores podem efetuar análises complexas de dados prontos para tomar decisões informadas e gerar conhecimentos valiosos. Os dados podem ser processados pela plataforma de software, que tira partido das capacidades IoVT, QML ou QI. 5. Durante décadas, a indústria farmacêutica tem estado a operar com um modelo de descoberta de vacinas que tem uma baixa probabilidade de sucesso.

Menos de 10% das vacinas promissoras que iniciam o processo clínico acabam por chegar ao mercado e este número tem-se mantido constante ao longo dos anos. A convergência do controlo de qualidade e da IA facilita a QI, que fornece excelentes ferramentas para enfrentar os desafios na descoberta de vacinas. A QI permite grandes avanços na modelação preditiva e no aproveitamento do ciclo de aprendizagem analítica, proporcionando conhecimentos de investigação significativos que, de outra forma, seriam inatingíveis. A QI é uma solução ideal para melhorar o problema notoriamente incómodo e o processo ineficiente de descoberta de vacinas.

é um marco significativo que ajuda os cientistas em todas as etapas da descoberta de vacinas, porque é mais rápido, mais barato e mais preciso. 6. O enorme potencial das plataformas tecnológicas de QC e QmRNA pode funcionar de forma muito semelhante ao Sistema Operativo Quântico (QOS). Com uma reserva de talentos adequada, o QoS pode ser concebido de forma a poder ligar-se e funcionar de forma intercambiável com vários programas de software. Para cumprir a missão do QOS, a reserva de talentos deve ser organizada em torno de disciplinas-chave como as tecnologias quânticas, a biologia do mRNA, a engenharia de proteínas, a química, a bioinformática, as tecnologias IoVT e os conhecimentos de software relevantes com codificação em linguagem quântica. É vital notar que o QOS deve ser concebido para alterar um potencial medicamento de ARNm para outro através do domínio da codificação - o código genético que informa (instruções) os ribossomas para produzir proteínas que oferecem medicamentos de ARNm experimentais.

Motor de investigação de QmRNA As prioridades e os objectivos devem ser a conceção racional da vacina de QmRNA e a dinamização do programa de investigação. A conceção da vacina de QmRNA deve conter

aplicações de conceção de sequências que ı
permitem aos investigadores construir novas sequências de QmRNA
utilizando uma biblioteca de componentes de sequência.

Os algoritmos QI incorporados transformam as sequências de aminoácidos
em sequências de nucleótidos e optimizam uma sequência para produção.
Os algoritmos quânticos de conceção de mRNA e de proteínas da próxima
geração devem utilizar redes neuronais para executar conjuntos de dados
maciços, a fim de encontrar relações emergentes para melhorar o
desempenho do mRNA e configurar as propriedades ideais tanto para o
QmRNA como para as formulações Tecnologia de vacinas de QmRNA A
forma ideal de administrar o mRNA é através de um material de entrega
altamente eficiente que o proteja da degradação e facilite a absorção
celular eficiente após uma simples injeção. Nos últimos anos, as inovações
mais valiosas na tecnologia de vacinas de ARNm têm sido nas áreas de (i)
engenharia de sequências de ARNm; (ii) desenvolvimento de abordagens
que permitem a produção rápida, simples e em escala de CGMP (boas
práticas de fabrico actuais) [28] (p. 14) de ARNm; e (iii) desenvolvimento
de materiais de entrega de vacinas de ARNm altamente eficientes e
seguros.

Para fazer avançar uma vacina de QmRNA, a estratégia central deve ser a
de permitir uma infraestrutura quântica, construída de raiz para explorar a
aplicabilidade inerente do mRNA com as suas características de software
QOS. É também essencial que vários programas de I&D de ARNm
colaborem simultaneamente para definir uma via para reduzir a
complexidade sem agulhas. É necessário desenvolver "motores" nucleares,
altamente flexíveis em relação aos requisitos únicos dos empreendimentos
científicos e técnicos, como "motor de investigação", como motor de I&D
inicial, para impulsionar vários programas de investigação de ARNm que
incorporem software QOS e algoritmos quânticos relevantes, em
simultâneo, desde o conceito até à nomeação como candidato a
desenvolvimento (DC) e avançando para estudos clínicos até à prova de
conceito em seres humanos.

Permitir a descoberta de vacinas quânticas Com a abordagem que se segue
e a aplicação de tecnologias quânticas emergentes, a descoberta de vacinas
de QmRNA pode ser viável em poucos dias: 1. Para avançar com novas
ideias para a descoberta de vacinas candidatas, a fim de permitir um

fornecimento rápido de ARNm pré-clínicos para investigações in vivo e in vitro, é necessário um motor de investigação. 2. Os cientistas podem conceber mRNAs para investigação e ensaio, a fim de criar novos conceitos de mRNA em poucos dias, utilizando sistemas híbridos (clássicos ou quânticos) com ı

direitos. Os computadores clássicos utilizam o software como propriedade do mRNA na conceção de vacinas proprietárias e baseadas na Web. Os cientistas devem também procurar mRNAs para uma determinada proteína, que é então convertida automaticamente numa sequência inicial optimizada de mRNA. Através de um módulo de desenho de sequências, a sequência de mRNA é optimizada utilizando algoritmos de bioinformática proprietários.

A conceção da vacina utiliza a capacidade computacional baseada na computação periférica (nuvem) [42] para executar vários algoritmos de conceção de cada sequência de ARNm. O sistema de computação periférica (nuvem) permite uma capacidade computacional flexível a pedido, facilitando o motor de investigação para a execução paralela e a conceção de múltiplas sequências de ARNm. A conceção das vacinas integra-se em plataformas de automatização digital que orientam as encomendas em cada fase da síntese do mRNA. 3. O mRNA eon está na vanguarda da inovação.

Os primeiros sucessos e avanços da plataforma de tecnologia de ARNm oferecem várias grandes oportunidades que envolvem a aprendizagem mais rápida e a expansão rápida, mantendo simultaneamente a mais elevada qualidade. A melhor forma de atingir estes objectivos é através do processo de digitalização que inclui tecnologias digitais, robótica/automação, análise, ciência de dados e IA. Os benefícios da digitalização são os seguintes: A qualidade minimiza os erros humanos, permitindo uma integração, automatização e repetibilidade perfeitas sempre que necessário.

A velocidade rápida fornece grandes quantidades de mRNA em todo o ecossistema a uma velocidade quântica para permitir a aceleração da conceção racional de medicamentos de mRNA e para recolher, partilhar e analisar dados em tempo real para tomar decisões. Poupanças de tempo significativas que permitem aos químicos e cientistas fazer novas descobertas mais rapidamente, o que pode levar à determinação quântica de vacinas de ARNm em poucos dias. A escalabilidade pode facilitar um número cada vez maior de programas de I&D de ARNm dentro e entre métodos.

É possível obter poupanças de custos aproveitando todos os programas de I&D para maximizar a eficácia da infraestrutura. A capacidade de pesquisa permite a identificação de um recibo antigo (por exemplo) sem ter de procurar numa grande quantidade de papel. Isto significa que todos os dados armazenados num formato digitalizado podem ser facilmente pesquisados e que o software de recibos permite adicionar etiquetas ou rótulos para que se possa encontrá-los mais tarde. A vantagem do acesso global, obtida através da disponibilidade de acesso à Internet, permite aceder a um vasto conhecimento através da Web a nível mundial. 4. Para criar ı

Para a conceção de conceitos de QmRNA, o processo acima referido utiliza ferramentas quânticas e algoritmos quânticos (QA). Do mesmo modo, o motor de investigação quântica pode integrar ferramentas quânticas exclusivas de conceção de medicamentos e uma instalação altamente automatizada para permitir que as vacinas de QmRNA passem rapidamente pela fase de investigação, desde a ideia até à nomeação como candidata a desenvolvimento (DC), como demonstrado em A QM engloba uma série de soluções de sistemas quânticos que podem oferecer enormes oportunidades para potenciar a apoteose de medicamentos, não só para acelerar a descoberta de vacinas, mas também para poupar um investimento substancial.

A química quântica computacional, um contracetivo relevante e eficaz para determinar uma molécula que se liga à proteína-alvo no processo de descoberta de vacinas, pode ser conseguida com a ajuda de ferramentas "in silico". Os métodos QM têm impacto na abordagem dos desafios farmacológicos na escala de tempo exigida pelas aplicações de investigação para a descoberta de vacinas. A variedade do método mais adequado (Mecânica Molecular-MM, ou QM, ou QM-MM) [61] durante a descoberta de vacinas é fundamental. Prevê-se que a QM se torne uma ferramenta mais visível na reserva do químico medicinal computacional. Assim, os métodos contemporâneos de QM desempenharão um papel mais direto na racionalização do processo de descoberta de vacinas.

A aplicação de um sistema QBIoVT, baseado em métodos mecânicos quânticos, é uma engenhoca de grande valor para os criadores de vacinas, os biólogos moleculares e os químicos computacionais, que culminam com a velocidade computacional quântica para eliminar 99,99% das pistas difíceis em segundos e determinar uma potencial vacina numa questão de dias [27].

IoVT-Vírus como dispositivo IoT A forma mais simples de explorar o papel do vírus como dispositivo IoT é comparar os microrganismos com os dispositivos IoT computorizados existentes no terreno, como mostra a Figura 6. Nesta abordagem, as características do vírus podem ser contextualizadas em relação a modelos digitais padronizados, o que permite um reconhecimento superior das características da espécie. A biologia DIY (Do-it-yourself) é um movimento social biotecnológico em germinação no qual indivíduos, comunidades e indústrias investigam as ciências da vida.

O vírus COVID-19 é o "cavalo de batalha" comum e normalizado da biologia de bricolage e da computação de fonte aberta [89], respetivamente. Assim, ambos geram um i

pretende ser um instrumento acessível e económico para a realização e a aprendizagem.

Embora possamos reconhecer a simplificação tanto do universo biológico e digital como do universo, a elucidação destina-se a levantar questões pertinentes sobre a forma como os vírus podem ser posicionados no contexto das investigações sobre a interação homem-máquina, tal como explicado nas secções 5.2.1-5.2.3. Estas questões podem emanar não só das diferenças práticas em termos de segurança na interação, estabilidade e capacidade de resposta, mas também das diferenças éticas.

7. Sensores e Actuadores

Os vírus podem sentir uma vasta gama de estímulos, como campos electromagnéticos, luz, produtos químicos, stress mecânico, produtos químicos, temperatura, etc., e podem interagir através do movimento utilizando os seus flagelos, como mostra a Figura 6, ou através da produção de proteínas, em resposta aos estímulos. Os actuadores e sensores dos vírus funcionam com base na estrutura molecular. Podem existir diferenças fundamentais na sua sensibilidade, capacidade de reação e estabilidade, em comparação com os seus homólogos digitais.

Unidade de controlo, memória e processador O ADN no interior do vírus permite a codificação de instruções que podem ser traduzidas em funções viáveis e permite o armazenamento de dados. Oferece como entidade a gestão de conjuntos de dados e unidades de expressão condicional de software, como a unidade de controlo de um computador, a memória para armazenar dados do sistema incorporado e a execução de instruções de software como unidade de processamento, como mostra a Figura 6. Geralmente, há duas formas de ADN presentes no vírus: (i) ADN genómico, que contém a maior parte das instruções para o funcionamento da célula, e (ii) unidades circulares denominadas plasmídeos. Os plasmídeos, na biologia sintética, são frequentemente utilizados para formalizar vários genes no organismo, tornando-o uma contraceção versátil para personalizar funções e armazenar novos dados.

Transceptores Um transcetor permite tanto a transmissão como a receção de comunicação, a membrana celular de um vírus que pode ser considerada como um transcetor que envolve a libertação e a importação de moléculas como um aspeto das vias de sinalização para as células. Além disso, o pilus bacteriano, como se mostra na Figura 6, é utilizado para o processo de conjugação entre duas células que resulta na troca de ADN como comunicação molecular, o que constitui a base dos vírus de rede.

1

8. Uma arquitetura IoVT básica

Uma plataforma de IoT industrial (IIoT) camufla basicamente um conjunto idêntico de todos os lugares como a plataforma de IoT generalizada, mas é melhorada para casos de IoT industrial, como a aplicação farmacêutica e a necessidade correlacionada com ambientes industriais. As plataformas IoT generalizadas são utilizadas em várias indústrias e sectores, incluindo a indústria farmacêutica, a logística e muitos outros. Os casos de utilização de plataformas IoT, como a IoVT, são notoriamente variados e podem incluir análises inteligentes numa situação de pandemia. Neste estudo, é introduzido um novo modelo baseado na IoT com uma interface de bio-comunicação optimizada.

O modelo aplica uma bio-interface para a recolha de informações e transforma-a numa composição de uma equivalência eléctrica mostra a arquitetura básica da IoVT aplicada na descoberta de vacinas, que inclui os sensores com a interface nodal, a conetividade de rede e as aplicações de armazenamento de dados. A fase de arquitetura de um sistema IoVT inclui (i) os sensores/actuadores recolhem dados do ambiente ou do objeto a medir e transformam-nos em dados úteis, (ii) o gateway da Internet, (iii) o sistema informático periférico para processar os dados, (iv) o centro de dados e a nuvem onde os dados são armazenados e a análise dos dados é efectuada.

Camadas e componentes arquitectónicos da IoVT Os componentes dos dispositivos IoT são identificados, uma vez que são relevantes para compreender a importância das aplicações de descoberta de vacinas baseadas em sensores. Neste estudo, abordamos os sensores em ambos os mundos da computação (clássica e quântica), sendo de notar que os sensores quânticos ainda não são predominantes. A IoVT compreende uma arquitetura de quatro componentes: camadas de deteção, de rede, de processamento de dados e de aplicação (como se mostra na Figura 8) [90], sendo a seguir apresentada uma breve descrição destas camadas:

A camada de perceção (camada de deteção) destina-se a identificar quaisquer fenómenos no dispositivo e nos sensores e a obter dados do mundo real. Esta camada é constituída por vários sensores quânticos e/ou sensores clássicos relevantes, consoante as aplicações farmacêuticas em causa. A utilização de múltiplos sensores para aplicações é uma das principais características dos dispositivos IoVT. Os sensores (quânticos ou clássicos) em IoVT são normalmente integrados através de hubs relevantes, uma junção de ligação comum para vários sensores, que acumulam e encaminham os dados dos sensores para o dispositivo i
unidade de processamento. Vários mecanismos de transporte para o fluxo de dados entre sensores e aplicações utilizados por um hub de sensores. A camada de transmissão (rede) actua como um canal de comunicação para o intercâmbio de dados, a recolha de dados para outros sensores ligados e em sensores IoVT; é implementada através da utilização de diversas tecnologias de comunicação, como a 5G, para facilitar o fluxo de dados entre dispositivos dentro da rede.

A camada de processamento de dados é uma parte integrante do middleware que inclui a unidade de processamento de dados dos dispositivos IoVT e analisa os dados para tomar decisões com base nos resultados, sendo a experiência do utilizador melhorada ao guardar o resultado da análise anterior. Esta camada pode partilhar dados com outros dispositivos ligados através da camada de transmissão e, tendo em conta as capacidades de CQ, a integração da IoVT e da CQ pode dar resposta aos desafios que dificultam o crescimento da IoVT. A camada de aplicação, como camada centrada no utilizador, executa tarefas relevantes para os resultados dos dados do utilizador para a camada de processamento de dados para obter aplicações de sensores IoVT. Nível empresarial:

A cultura e as metodologias das estruturas empresariais estão a sofrer uma mudança fundamental e a entrar num período sem precedentes na história da humanidade. A modelação do negócio quântico é um novo arquétipo de disciplina aliada que actua com integridade, coerência e transparência, executando uma plataforma quântica para impulsionar o crescimento. Para prosperar no futuro, as indústrias farmacêuticas devem adotar um modelo de negócio quântico de coerência para levitar a co-criação de valor quântico e capitalizar o paradigma QBIoVT.

Fusão da Biotecnologia Quântica e da IoVT para formalizar o QBIoVT Uma plataforma integrada revolucionária de aplicações IoVT com tecnologia de software de inteligência quântica de ponta incorporada para vários requisitos industriais que oferece as seguintes vantagens únicas: 1. Sensores com interfaces de utilizador relevantes para um desempenho de computação periférica de baixa latência. 2. Com custos de manutenção mais baixos, utilizados em operações de entrega de vacinas com uma gama de temperaturas alargada. 3. As configurações flexíveis criam a porta de entrada que se adapta às exigências da produção de vacinas. 4. Desempenho escalável para reduzir o número de pacotes de dados transmitidos para a extremidade da rede. 5. A plataforma ecológica concebida para o menor consumo de energia, de modo a reduzir os custos de energia e otimizar a pegada de carbono.

1

O IoVT é um quadro em que os dispositivos ou sensores estão ligados e funcionam de forma sincronizada com a ajuda de ferramentas de software que recolhem dados continuamente, integração e análise de dados e algoritmos de IQ para informar as decisões tomadas sobre as operações da fábrica. O alvorecer de uma era quântica na automatização da conceção, apelou à indústria da automatização da conceção quântica (QDA) [31] para ferramentas mais sofisticadas que ajudem a IQ avançada e a IoVT. A QDA tem por objetivo converter a conceção digital em ciência quântica estruturada. Uma das coisas mais espantosas que se avizinham é ver se a QDA pode trazer o mesmo nível de estrutura rigorosa à conceção de redes neuronais e à conceção de algoritmos quânticos.

É neste espaço que a IA pode, e irá, ter o maior impacto para acelerar o processo de descoberta de vacinas de QmRNA, permitindo que o poder da IQ identifique rapidamente uma vacina. À medida que a Biotecnologia Quântica, especificamente o QmRNA, a inteligência quântica e a IoVT se fundem, formaliza-se um novo ecossistema quântico denominado QBIoVT. Áreas Prioritárias, Desafios e Aplicações do QBIoVT Áreas Prioritárias e Desafios Áreas Prioritárias As áreas prioritárias são os critérios de segurança, a cadeia de abastecimento, a experiência do cliente, a gestão de activos e a tomada de decisões financeiras. A primeira área prioritária é a melhoria da experiência do cliente.

O sistema QBIoVT pode melhorar a experiência do cliente da seguinte forma: Execução de critérios de segurança. Gestão eficaz da distribuição e da cadeia de abastecimento. Monitorização contínua da experiência do cliente. Personalização do cliente com base em cada situação. Com base na aprendizagem ao longo do tempo com as interacções com os clientes, é necessário atualizar os produtos e serviços. Experiência de compra através da inovação contínua do acesso ao produto. A gestão de activos e a tomada de decisões financeiras são a segunda e terceira áreas prioritárias, respetivamente.

O sistema QBIoVT pode desempenhar um papel significativo na tomada de decisões financeiras, facilitando o acompanhamento dos activos e a gestão da visibilidade em tempo real. A experiência do cliente e as decisões financeiras (acompanhamento da gestão dos activos) facilitam uma base sólida de áreas funcionais para os profissionais e investigadores académicos avaliarem. Além disso, os seguintes domínios prioritários específicos da QBIoVT requerem atenção: Priorização quântica - aprovação quântica i

precisa de tomar decisões informadas relativamente aos casos de utilização de CQ aplicados a requisitos específicos das empresas farmacêuticas.

A priorização de casos de uso de CQ é um esforço capcioso. A priorização quântica permite que os profissionais do sector farmacêutico avaliem o seguinte: (i) a capacidade de proporcionar benefícios tecnológicos quânticos, (ii) a preparação operacional e (iii) a competência para impulsionar a co-criação de valor único para a empresa farmacêutica. Os blocos de construção da quantumização [7-11] são imperativos para garantir a integração perfeita da automação do QB, especificamente da plataforma tecnológica QmRNA, MDA, QC, QI e IoVT, para escalar e garantir uma demanda cada vez maior de pesquisa de descoberta de vacinas QmRNA.

A computação periférica [42] assumirá uma posição de destaque em relação à computação em nuvem na utilização da IoVT. Melhor MDA. IoVT: Criação de um quadro IoVT unificado para integração, segurança e perspectivas prioritárias de focalização no cliente. Desafios 1. Não existem orientações específicas para as vacinas de ARNm por parte das agências reguladoras, como a FDA ou a EMA; estas aceitaram as abordagens propostas por várias empresas farmacêuticas e outras organizações relevantes para demonstrar que as vacinas de ARNm são seguras e aceitáveis para serem testadas em seres humanos.

É uma prioridade imperativa, à medida que os produtos de ARNm se tornam mais proeminentes no domínio das vacinas, formular orientações regulamentares específicas que descrevam os requisitos para produzir e avaliar novas vacinas de ARNm. Os desafios terapêuticos incluem o aumento da produção de boas práticas de fabrico (BPF), o aumento da eficácia, a constituição de regulamentos e a segurança. Uma vez que o QmRNA está a emergir, é também necessária uma orientação específica para as BPF que aumente a eficácia.

Atualmente, um desafio quântico consiste em tornar os qubits menos propensos a erros, de modo a que a conceção de circuitos cada vez maiores possa ser alcançada sem o desafio de os erros asfixiarem a precisão da computação. Para fazer face aos desafios da programação quântica, os criadores de software devem compreender as terminologias, os princípios e as soluções de exploração que podem ser aplicados na computação quântica. O desafio da computação quântica é conseguir a escalabilidade para milhões de qubits, um "número supremo" de qubits lógicos sem erros.

A QI tem o potencial de revolucionar a própria elucidação de dados moleculares 1
permitindo o desenvolvimento de métodos de análise de moléculas complexas e em maior escala.

Os quatro principais desafios para o futuro da IQ são os seguintes: (i) treino repetitivo de reintegração com algoritmos quânticos mais rápidos, (ii) extrair a experiência de quantidades maciças de dados para o processo de treino, (iii) aquisição de componentes clássicos e quânticos para serem facilmente integrados e substituídos, e (iv) ferramentas de enquadramento para analisar exaustivamente as vantagens decorrentes das propriedades dos algoritmos quânticos. 4. Os vírus interagem diretamente com os microrganismos, colocando desafios práticos e éticos. Estes incluem o manuseamento seguro dos micróbios e os desafios bioéticos e de biossegurança. As considerações éticas e as questões de privacidade relacionadas com os dados dos utilizadores aplicar-se-iam aos sistemas IoVT.

As redes de vírus baseiam-se na transferência de dados (codificados no ADN) através de um processo natural de motilidade celular. Embora os vírus altamente modificados possam fornecer sistemas de comunicação eficientes, acabam por ser entidades biológicas, que podem produzir mutações inesperadas que colocam novos desafios éticos. 5. A cadeia de abastecimento, a gestão da distribuição e o transporte das vacinas constituem um desafio.

As vacinas de ARNm necessitam de armazenamento a frio durante o transporte; deve ser evitada a exposição à luz solar e à luz fluorescente. A IoT potencia o desenvolvimento tecnológico e o apoio ao sistema de distribuição de vacinas. O impacto da IoT afectará o modo como os líderes da cadeia de abastecimento de vacinas de ARNm acedem às informações necessárias para melhorar o serviço. A revolução da IoT pode melhorar a gestão da cadeia de abastecimento através da conetividade inteligente [43].

Sistema IoVT para a gestão do desempenho da pandemia de COVID-19 Insights As soluções de software baseadas na IoT fornecem um indicador-chave de desempenho (KPI) em tempo real para apoiar uma maior transparência e o desempenho do diálogo. O software avalia a informação do dispositivo sobre a eficácia e a qualidade globais através da conetividade IoT. Estas ferramentas digitais monitorizam as acções de melhoria e transmitem alertas ao pessoal relevante através de dispositivos móveis, bem como um aumento significativo da produtividade.

Arquitetura do sistema IoVT - perspectivas e aplicações para a pandemia Na fase inicial da pandemia de COVID-19, não existia uma cura terapêutica ou uma vacina. A única forma de proteção contra a infeção por COVID-19 era 1

auto-isolamento, mascaramento e manutenção da distância física de pelo menos 1,80 m.

Os elementos que se seguem podem proporcionar uma distância física de seis pés, conforme indicado em: 1. Um nó IoVT com sensores colocados em vários locais para uma solução específica de aplicação, eficaz, de baixo consumo e fácil de utilizar para desafios em tempo real, monitoriza os parâmetros de saúde e, em seguida, actualiza a aplicação do smartphone para apresentar as condições de saúde do utilizador, a fim de o notificar para manter uma distância física de 1,5 m, que é um aspeto fundamental para controlar a propagação da infeção. Os sensores são os fornecedores de dados do mundo físico; os sensores são também os fornecedores de dados através de uma rede, e os actuadores permitem explorar ou reagir de acordo com os dados recebidos dos sensores.

O servidor em nuvem com um sistema difuso considera as condições de saúde do utilizador para prever o risco de propagação da infeção em tempo real e as condições de risco são transmitidas a partir da zona virtual e fornecem dados actualizados para diferentes locais. Assim, um nó IoVT pode fornecer um sistema de alerta precoce para travar a propagação de doenças infecciosas e pode servir de alavanca para permitir que um sistema de saúde lide com surtos de pandemia. 2. Um servidor em nuvem com ferramentas QML é utilizado para MDA e diagnóstico. A comunicação de dados (como entrada) é efectuada através de uma porta de ligação, que será posteriormente transmitida às portas de ligação quânticas de extremo (nuvem).

No enorme armazém de dados, a filtragem de dados é destilada. O ML e o QML são utilizados para criar modelos de sistemas com base nas necessidades e nos dados aceites. A MDA é utilizada para visualizar o desempenho e os resultados de estudos comparativos. Os sensores de infravermelhos (IR) são utilizados em locais públicos, incluindo casas de banho, para o funcionamento automático do abastecimento de água, portas e janelas. Os termómetros de infravermelhos são utilizados para verificar a temperatura do corpo para identificar a infeção das pessoas e o reconhecimento facial através da utilização da câmara ótica em todos os pontos de entrada de todos os locais públicos, incluindo portões de aeroportos, estações de autocarros, centros comerciais e estações ferroviárias. São instalados sensores para controlar a temperatura corporal, o funcionamento automático de janelas, elevadores, escadas rolantes, portas, controlo do abastecimento de água, casas de banho e conferências em linha para evitar o contacto direto com o mundo físico e a interação humana.

Aplicação para smartphones: A tecnologia dos smartphones oferece aplicações significativas na atual situação de pandemia de COVID-19. Com a introdução do sistema móvel 5G, a tecnologia dos smartphones evolui ainda mais ı

desempenhar um papel fundamental em futuras pandemias e em muitas outras aplicações dos cuidados de saúde.

As aplicações para smartphones com IoT utilizam informações como o Sistema de Informação Geográfica (GIS) e o Sistema de Posicionamento Global (GPS) para fins de monitorização, a fim de aumentar a probabilidade de detetar pessoas infectadas. Exemplo de cenário: A comunicação do quadro Pandemic-Safe (4G, 5G ou Wi-Fi entre o nó IoVT e o servidor na nuvem) pode ajudar a minimizar o risco de exposição à COVID-19 O sistema IoVT desempenha um papel fundamental na situação pandémica para a monitorização das pessoas infectadas. Todas as pessoas infectadas de alto risco podem ser seguidas e localizadas convenientemente utilizando a rede baseada na Internet. Este sistema também pode ser utilizado para medições biométricas e a carga de trabalho dos profissionais de saúde pode diminuir, bem como obter poupanças de custos

Para um novo quadro teórico A revisão da literatura, na Secção 2, verificou que ainda não existem teorias avançadas no âmbito do sistema QBIoVT para a descoberta de vacinas de QmRNA. Do nosso ponto de vista, uma teoria constitui um benefício de vanguarda para um domínio da seguinte forma: O fenómeno central de uma teoria não abrange as teorias anteriores. O engenho de uma teoria pode ter origem numa renovação importante que evoca para uma teoria atual que explica com precisão os limites da teoria.

Uma teoria pode ser reconhecida como vanguardista devido à sua composição para confiar fenómenos nucleares bem conhecidos a novos artifícios. O quadro teórico QBIoVT desenvolvido neste artigo enquadra-se nos fenómenos nucleares de uma teoria que não foram cobertos com a ajuda de teorias anteriores.

Com base num conjunto de teorias, conceitos, áreas prioritárias do QBIoVT, aplicações e desafios aplicáveis, indicados nas secções 3-6, o quadro teórico foi desenvolvido e classificado em ciberespaço e espaço físico com base nas seguintes perspetivas: (i) inovação da tecnologia quântica e aprovação do sistema QBIoVT; (ii) partes interessadas no QBIoVT - estimuladas pelo interesse no sistema QBIoVT emergente; (iii) atenção à utilização das áreas prioritárias, desafios, aplicações e questões de segurança, privacidade e risco do QBIoVT; e (iv) mudança de utilização à medida que os seres humanos ganham confiança no sistema QBIoVT.

Tal como acontece com os componentes alternativos do quadro, a hiperligação entre a QI e a IoT é notavelmente próxima; tal é testemunhado pelo termo ı

"Internet das Capacidades" (IoA). A IoA é a "capacidade humana e a capacidade de IA são sinérgicas, transferíveis e interligadas. Além disso, associado à IoA está o conceito de Internet das Coisas Virtuais (IoVT), com quatro pilares fundamentais: "pessoas", "dados", "processos" e "coisas", conforme mencionado no segmento da base teórica do estudo, em que as pessoas e suas competências são expressas pela IoA como seu alicerce. A IoVT tem um âmbito mais alargado em situações de pandemia, pelo que constitui a tecnologia facilitadora principal da estrutura do sistema QBIoVT e das suas subsequentes expansões.

No que respeita ao funcionamento do quadro, observa-se que as tecnologias facilitadoras mais utilizadas estão relacionadas com a IoVT, a QI e o ARNm, o que permite potenciar os poderosos processos de inovação aberta (IO) que são fundamentais para a descoberta de vacinas de ARNm. A MDA merece uma menção especial por oferecer a informação de base que a indústria farmacêutica deseja para os seus processos de tomada de decisão. Além disso, a MDA, combinada com os processos de inovação aberta e a utilização de plataformas digitais facilitadoras, conduz à co-criação de valor. Neste quadro, as pessoas estão, portanto, no centro das atenções porque permitem interacções que, por sua vez, são a base dos processos de IO e de co-criação de valor.

Esta visão é de um interesse excecional, que deve ser estudado em profundidade após o desenvolvimento futuro desses indivíduos. É vital reconhecer as tecnologias facilitadoras através da intervenção da plataforma tecnológica mRNA, QI, IoVT pode formar um ambiente virtual para a vida quotidiana.

Neste contexto, o QBIoVT representa a verdadeira hiperligação entre o espaço virtual e o espaço físico, ou seja, funciona como um domínio de sistemas ciber-físicos (CPS). O CPS é uma evolução do ciberespaço que oferece os objectos IoVT posicionados no epicentro do quadro como uma hiperligação entre o espaço físico e o ciberespaço. As áreas prioritárias do QBIoVT variarão para diversas vacinas e terapêuticas quânticas, dependendo da experiência do paciente, da gestão de activos e da tomada de decisões financeiras. As partes interessadas desempenham um papel importante na formulação de teorias; por conseguinte, os académicos devem prestar atenção e decidir quais as partes interessadas que devem ser incluídas numa teoria.

Na disciplina de SIGQ e/ou SI, a maioria dos quadros teóricos são quadros de processos ou variantes, pelo que os académicos defendem que, devido à adoção de tecnologia, o desenvolvimento teórico deve ser feito numa perspetiva de processo. ı

Os desafios do QBIoVT (segurança, proteção, privacidade, confiança, segurança, risco) são tomados em consideração como um fator essencial deste estudo. As medidas de segurança e proteção são fundamentais para ganhar a confiança e a aceitação da confiança nos serviços QBIoVT para situações de pandemia. O advento da confiança e a gestão da convicção desempenham um papel proeminente no sistema QBIoVT para uma fusão de dados fiável, uma privacidade superior, uma inteligência consciente do contexto para vários

serviços e segurança da informação. Além disso, neste estudo, foram estabelecidos contributos adicionais (indicados abaixo) sobre a gestão da confiança e da convicção para o desenvolvimento do quadro teórico do sistema QBIoVT. Na nossa opinião, a criação e a sustentabilidade da confiança e da convicção devem ser uma abordagem proactiva em todas as fases de adoção e execução do sistema QBIoVT.

Além disso, os académicos realizaram um estudo aprofundado dos modelos de análise e cálculo da confiança para a IoT, concluindo com orientações para a investigação do cálculo da confiança. Enquanto a gestão da confiança e da convicção, a segurança, a proteção e a privacidade são essenciais para o sucesso da adoção e da execução do sistema QBIoVT, a privacidade, a proteção e a segurança são o prenúncio da criação e da sustentabilidade da gestão da confiança.

Assim, os conhecimentos acima referidos relativos ao quadro desenvolvido ajudam a analisar aplicações e serviços QBIoVT. O desenvolvimento do quadro teórico proposto também se centra nos blocos de construção e nas práticas, conforme demonstrado, são os seguintes: (i) a conceção da arquitetura QBIoVT para explorar as áreas prioritárias, os desafios e as oportunidades; (ii) a cooperação e a participação entre as partes interessadas no âmbito da cadeia de valor QBIoVT; (iii) as acções interactivas entre o sistema de biotecnologia quântica e as aplicações IoVT para alcançar um desempenho ótimo no âmbito da descoberta da vacina QmRNA. Com base nos blocos de construção, como mostra a Figura 11, é construído o quadro teórico do QBIoVT, que abrange o trabalho interativo das partes interessadas.

Este quadro pode ser utilizado como modelo educativo e guia para as partes interessadas da indústria farmacêutica e da saúde, incluindo fornecedores, prestadores de serviços, clientes e decisores que procuram sistemas QBIoVT. Assim, o 1

A principal contribuição dos nossos estudos é o advento de um novo quadro teórico sobre a aprovação e execução do sistema QBIoVT, inexistente na literatura.

Seguem-se contribuições adicionais dos aditivos do quadro associados às aplicações e desafios da indústria farmacêutica: (i) O sistema QBIoVT implica pessoas para máquinas (P2M), máquinas que comunicam com máquinas (M2M) e pessoas para pessoas (P2P). Todas as partes interessadas são fundamentais para o êxito final do sistema QBIoVT.

Tendo isto em mente, a cogitação dos desafios e das áreas prioritárias que regem a adoção e a implementação do sistema QBIoVT deve merecer uma atenção especial. (ii) Contribui para o conhecimento da inteligência quântica, da IoVT e do QmRNA, orientando os profissionais, em especial, para os desafios da segurança e da privacidade, a fim de obter confiança e utilizar com êxito o sistema QBIoVT em vários sectores da indústria farmacêutica e da saúde. Uma vez que o número de dispositivos, sensores e máquinas conectados aumenta exponencialmente, os profissionais do sector devem avaliar os desafios e as oportunidades do paradigma do sistema QBIoVT. (iii) Os sistemas IoVT poderão influenciar as empresas do sector farmacêutico, indicando que os modelos de negócio poderão ter de ser redefinidos. (iv) O sistema legou ao corpo de conhecimentos a explicação e a previsão dos constituintes da teoria.

Há uma ampla margem de manobra para testar esta teoria e os seus componentes devem ser objeto de uma investigação mais aprofundada. (v)

Oferece um roteiro prospetivo para enfrentar a descoberta quântica de vacinas e os impactos da execução da IoVT na redução dos custos de investigação e desenvolvimento de vacinas e na melhoria dos resultados do tratamento do doente infetado. (vi) Confere um significado de gestão às empresas farmacêuticas para manterem uma vantagem competitiva estratégica através da adoção hábil das seguintes estratégias IoVT: (a) a tipografia da decisão estratégica IoVT é benéfica para os decisores identificarem a justeza da estratégia IoVT que compõem e (b) compreenderem melhor as características e a essência da estratégia IoVT selecionada.

O quadro proposto é uma compreensão refinada da seleção estratégica da IoVT. Ao avaliarmos as técnicas de IoVT da empresa farmacêutica, compusemos 4 categorias de técnicas de IoVT relativamente a i

para contextos de IoVT: (i) abordagem de outmaneuvering na inovação tecnológica, (ii) abordagem de loom up na integração tecnológica, (iii) abordagem de outmaneuver para alcançar o sucesso no mercado, (iv) abordagem de loom up no âmbito da diferenciação da sustentabilidade.

Esta avaliação topográfica permite que as empresas farmacêuticas dentro da empresa comercial do sistema IoVT surjam como extra eficazes. Por isso, defendemos a necessidade de mais investigação para avaliar as afirmações emergentes associadas ao sistema IoVT numa perspetiva estratégica para analisar o fenómeno IoVT. 8. Lições consolidadas aprendidas e agenda de investigação futura 8.1. Desenvolvimento da Teoria do Sistema QBIoVT Existe um vazio na literatura que organiza o desenvolvimento da teoria e a principal melhoria na adoção e execução do sistema QBIoVT, considerando as áreas prioritárias, os desafios, as aplicações e as enormes possibilidades de descoberta de vacinas de QmRNA, especialmente enquanto a humanidade atravessa uma pandemia.

Por conseguinte, recomendamos que os investigadores realizem mais estudos no âmbito das disciplinas associadas ao QIS, QI, QmRNA e IoVT para colher a essência da teoria. 8.2. Inovações do QIS De um ponto de vista concetual, não existem motivos suficientes para aceitar que o QIS é qualitativamente excecional em relação aos sistemas de informação clássicos (CIS) ou verdadeiramente conhecido como SI [13]. O QIS é uma disciplina emergente e está bem posicionado na intersecção das aplicações técnicas, comerciais, sociais e éticas da QIT, QB, tecnologia operacional quântica (QOT) e das suas dimensões críticas de IoVT. A inovação aberta (IO) do sistema QBIoVT está a emergir para explorar as possibilidades de descoberta de vacinas de QmRNA.

A emergência do sistema QBIoVT é o prenúncio de uma dimensão de quantumização completamente nova [7-11] com impactos que são completamente desconhecidos. Esta sinopse dá as boas-vindas às possibilidades de novas investigações. Aconselhamos que o trabalho de investigação futuro aplicável é fundamental para alargar as teorias sobre QIS, QmRNA, QI e IoVT, ajudando os componentes morais, filosóficos e socioeconómicos para aplicações da indústria farmacêutica a criar valor autêntico. Assim, recomendam-se os seguintes estudos futuros: (i) exploração do QIS em várias fases, (ii) disciplina de efeitos temáticos: (a) impactos organizacionais; (b) efeito na tecnologia quântica; (c) influência nos indivíduos; e (d) efeito na sociedade.

9. Importância da IoVT para a gestão i

As instruções que se seguem podem também ajudar as empresas farmacêuticas a competir nesta disciplina IoVT emergente, em rápido crescimento, mas muito menos conhecida: (i) incorporar um método de manobra para o avanço interno das competências de exploração. Até à data, esses métodos de outmaneuver IoVT não são realizados com a ajuda da utilização de empresas farmacêuticas através do desenvolvimento adequado de competências críticas, e (ii) a partilha interna e externa de factos empresariais tem influências díspares nas respectivas competências de ajuda das estratégias IoVT.

Tecnologia IoVT para a pandemia A IoVT é uma grande comunidade ubíqua de sensores que, a nível mundial, permite descobrir vírus que podem constituir um sistema de alerta precoce para travar a escalada de pandemias. A cooperação mundial pode exigir uma base para empreender e executar a rede IoVT que pode constituir uma vantagem para a humanidade. Para alcançar este objetivo fundamental, é necessária uma nova mentalidade. Consideramos que o tipo de intenção útil é o "Santo Graal" da possibilidade da IoVT para o futuro. Assim, deve ser seguida e executada uma rede de sensores de deteção de vírus, juntamente com o reconhecimento facial e a localização, a vigilância por câmaras digitais para localizar, identificar e revelar pessoas que também podem ter sido infectadas pela COVID-19.

As tecnologias de ARNm têm a capacidade de revolucionar as áreas da medicina e de aumentar o know-how de excelentes características, a eficácia da tradução principal e o significado da entrega de ARNm, influenciando uma nova geração de investimentos em actividades de descoberta de vacinas.

Estão certamente a ocorrer melhorias e optimizações duradouras mais próximas do crescimento da geração subsequente de vacinas baseadas em mRNA. A otimização das sequências nas regiões codificantes e nas regiões não traduzidas (UTRs) [28] do mRNA facilita uma maior eficiência e equilíbrio para obter uma melhor frutificação do antigénio desejado, mais favorável ao índice terapêutico e vacinal [24] (p. 3). Em suma, destacamos 3 temas inter-relacionados que, se melhor compreendidos, devem impulsionar ainda mais a esfera: (i) variações na preparação do mRNA, (ii) diferenças entre modelos animais e humanos, e (iii) ı
mecanismos de imunogenicidade das vacinas de ARNm. Os investigadores prevêem e pressentem um futuro muito para além das vacinas e o ato subsequente para o ARNm será maior do que as vacinas contra a COVID-19, permitindo uma correção genética a preços razoáveis para a maioria dos cancros e talvez mesmo a cura do VIH.

Computação quântica (CQ) A IBM prevê um sistema comercial de CQ tolerante a falhas na década seguinte. Os investigadores completaram a simulação quântica de moléculas com maior precisão para conceber novos materiais, com menos qubits, executando o comportamento dos electrões diretamente num conceito hamiltoniano [88] (p. 137), o que permite descobrir vacinas mais rapidamente. Isto não significa que outras tecnologias de fabrico de qubits não venham a ser bem sucedidas.

O CQ de iões aprisionados também pode descobrir uma área, mas o caminho para o desenvolvimento é um processo mais longo. As aplicações de CQ podem exigir "hardware-aware" para que os truques de software possam ser utilizados de forma optimizada. As variedades de qubits são mais adequadas para simular o comportamento de novos materiais, provavelmente díspares para a otimização de carteiras financeiras. Os investigadores defendem que os computadores quânticos trabalharão em conjunto com os computadores clássicos, aproveitando os pontos fortes de cada um.

A IBM faz uso do apoio da comunidade de código aberto e mobiliza os desenvolvedores para democratizar o acesso à tecnologia quântica e identificar os segmentos subsequentes para estabelecer a inspiração para o futuro: (i) produzir circuitos quânticos de alto desempenho geral nas camadas inferiores e algoritmos inovadores com base nesses circuitos a serem desenvolvidos, (ii) esses algoritmos devem ser executados para matar aplicativos no mundo real. A Microsoft introduziu, em 2021, o primeiro ecossistema de nuvem pública Azure Quantum de pilha completa do mundo para soluções quânticas para programadores, investigadores, integradores de sistemas e clientes aprenderem e construírem soluções utilizando ferramentas dentro da nuvem pública [91-93].

Prevê-se que a Inteligência Quântica (QI), uma tecnologia emergente e poderosa, tenha um impacto enorme na indústria biofarmacêutica, especificamente na descoberta de vacinas de QmRNA, com a ajuda da utilização e melhoria extensiva da qualidade e da aceleração do processo de análise de dados maciços. Para além disso, a QI proporciona ferramentas convincentes para a investigação de sistemas complexos para orientar e ı

incentivar as empresas de tecnologia quântica de ponta a entrarem no novíssimo mercado das vacinas e das terapêuticas, em concorrência com as organizações farmacêuticas.

Simulação Quântica no Contexto da Descoberta de Vacinas de QmRNA A QM contém várias soluções de sistemas quânticos que ofereceriam enormes possibilidades de potenciar a apoteose da vacina, não só proporcionando a descoberta de vacinas quânticas mais rapidamente, mas também poupando investimentos substanciais. As ferramentas "in silico" tornaram a química quântica computacional uma ferramenta aplicável para determinar uma molécula que agrupa a proteína-alvo na investigação para a descoberta de vacinas. A escolha do método mais adequado (Mecânica Molecular Quântica - MQM) [93] durante a descoberta de vacinas quânticas é fundamental. Prevê-se que a QM se torne uma ferramenta mais conspícua na reserva do químico medicinal computacional e que os métodos actuais de QM desempenhem uma função mais direta na racionalização do processo de descoberta de vacinas quânticas. O sistema QBIoVT, baseado nos métodos da mecânica quântica, é uma preciosa contração que culmina com o ritmo computacional quântico para eliminar 99,99% das pistas difíceis em segundos e ordenar uma promissora vacina candidata de QmRNA numa questão de dias.

Quantumização para a descoberta de vacinas de QmRNA A quantumização é um fenómeno emergente que compreende blocos de construção para capacitar a integração automatizada e contínua de mRNA, QC, QI, MDA e IoVT, para escalar e atenuar uma procura cada vez maior de investigação de descoberta de vacinas de QmRNA. Além disso, as consequências auto-ancilares do QmRNA são um sabre contraditório para a eficácia das vacinas quânticas.

Conclusões Este estudo completou os objectivos mencionados na introdução, Secção 1.3. Para preencher o vazio com novos conhecimentos e compreensão relativamente à ideia de melhoria na descoberta de vacinas de QmRNA, este exame avançou com um novo quadro teórico do sistema QBIoVT. Além disso, até à data, a aplicação do sistema quântico para a descoberta da vacina de QmRNA não foi abrangida ou protegida por teorias anteriores. Por conseguinte, com base principalmente no quadro teórico apresentado neste artigo, podem ser traçadas direcções de investigação, acrescentando ajustamentos à ideia atual ou novas teorias. Relativamente aos resultados, a prova do paradigma QBIoVT, que inclui o diálogo sobre arquitetura, áreas prioritárias, aplicações, 1

A descoberta da vacina de QmRNA identificou os desafios e os efeitos dessa descoberta. É essencial que o atual sistema de descoberta de vacinas seja transformado através da utilização de poderosas tecnologias e ferramentas quânticas para obter uma melhor eficácia e acelerar o processo em poucos dias. Stankovic [94] afirma que a realização de estudos significativos é fundamental para obter ganhos em termos de escala, âmbito e espetro de estudos da IoT. Durante a situação de pandemia da COVID-19, os estudos sugerem que as empresas estão a "duplicar" as aplicações da IoVT. Embora a evolução moderna da IoVT seja uma construção prática, a investigação corrobora o seu valor significativo para as partes interessadas da indústria farmacêutica.

À medida que a IoVT continua a propagar-se, os protocolos, as normas e a conetividade têm de ser ambiciosos. Simultaneamente, as questões de confiança, segurança e privacidade devem ser primordiais e ter precedência na aprovação e execução do sistema IoVT. Além disso, a enorme quantidade de dados geridos na perspetiva do IoVT coloca desafios de investigação nos domínios da confiança, da segurança e da privacidade.

Esta investigação tem algumas limitações, em especial a falta de um teste empírico do quadro teórico proposto, pelo que se pretende aprofundar a investigação. Através da compreensão do quadro teórico do sistema QBIoVT proposto neste documento, cada investigador e profissional deve sentir confiança, oportunidades e benefícios no domínio da IoVT em rápido desenvolvimento.

Contribuições dos autores: Conceptualização, P.K.P .; metodologia, P.K.P.; validação, P.K.P.; análise formal, P.K.P.; investigação, P.K.P.; curadoria de dados, P.K.P.; escrita (preparação do rascunho original), P.K.P.; escrita - revisão e edição, P.K.P.; visualização, P.K.P.; administração do projeto, P.K.P.; supervisão, F.C.- S. Ambos os autores leram e concordaram com a versão publicada do manuscrito. Financiamento: Esta investigação não recebeu financiamento externo. Agradecimentos: Os autores gostariam de agradecer à Fundação para a Ciência e Tecnologia (FCT) e ao C-MAST (Centro de Ciências e Tecnologias Mecânicas e Aeroespaciais), no âmbito do projeto UIDB/00151/2020, pelo apoio à revisão. Conflitos de Interesse: Os autores declaram não haver conflito de interesses.

Referências

Belfiore, C. Cuccurullo, M. Aria, IoT nos cuidados de saúde: Uma análise cienciométrica, Previsão Tecnológica e Mudança Social 184 (2022) 122001. doi: 10.1016 / j. techfore.2022.122001.

S. K. Sood, K. S. Rawat, estrutura de aprendizagem baseada em realidade virtual assistida por neblina para controlpanic, Expert Systems 39 (4) (abr 2021). doi: 10.1111 / exsy.12700.

O. Can, M. Erkoc,, M. Ozer, M. U. Karakanli, A. Otunctemur, O efeito de COVID-19 nos sintomas do trato urinário inferior em homens idosos, International Journal of Clinical Practice 75 (6) (mar 2021). doi:10.1111/ijcp.14110.

N. Mukati, N. Namdev, R. Dilip, N. Hemalatha, V. Dhiman, B. Sahu, Assistência de saúde ao paciente COVID-19 usando tecnologias habilitadas para internet das coisas (IoT), Materials Today: Proceedings (jul 2021).
doi:10.1016/j.matpr.2021.07.379.

J. B. Nuzzo, L. O. Gostin, Os primeiros 2 anos de COVID-19, JAMA 327 (3) (2022) 217.
doi:10.1001/jama.2021.24394.

S. K. Sood, K. S. Rawat, D. Kumar, Mapeamento analítico da tecnologia de informação e comunicação em doenças infecciosas emergentes usando CiteSpace, Telemática e Informática 69 (2022) 101796.
doi:10.1016/j.tele.2022.101796.

M. Javaid, I. H. Khan, os cuidados de saúde habilitados para a Internet das coisas (IoT) ajudam a enfrentar os desafios da pandemia COVID-19, Journal of Oral Biology and Craniofacial Research 11 (2) (2021) ı
209-214. doi:10.1016/j.jobcr.2 021.01.015.

S. K. Sood, K. S. Rawat, D. Kumar, Uma revisão visual da inteligência artificial e da indústria 4.0 na área da saúde, Computadores e Engenharia Elétrica 101 (2022) 107948. doi:10.
1016/j.compeleceng.2022.107948.

K. P. Sharma, K. Walia, S. Gupta, IoT para a luta contra a COVID-19, em: Notas de aula em redes e sistemas, Springer Nature Singapore, 2022, pp. 585-596. doi:10. 1007/978- 981-19-1412-6_51.

M. R. S. Kumar, A. J. Obaid, S. Sankar, D. Pandey, A. S. Abdulbaqi, Projeto e desenvolvimento de dispositivo vestível IoT para deteção precoce de COVID-19 e monitoramento por meio de estrutura de gerenciamento de dados eficiente na vida pré-pandêmica, em: Notas de aula em redes e sistemas, Springer Nature Singapore, 2022, pp. 177-193. doi: 10.1007/978-981- 19-1412-6_15.

H. Yusuf, S. J. Quraishi, IoT nos cuidados de saúde em tempos de pandemia (COVID-19), em: Tecnologias cibernéticas e ciências emergentes, Springer Nature Singapore, 2022, pp. 315-325. doi:10.1007/978-981-19-2538-2_31.

M. Otoom, N. Otoum, M. A. Alzubaidi, Y. Etoom, R. Banihani, Uma estrutura baseada em IoT para identificação precoce e monitoramento de casos COVID-19, Processamento e controle de sinais biomédicos 62 (2020) 102149. doi:10.1016/j.bspc.2020.102149.

M. Nasajpour, S. Pouriyeh, R. M. Parizi, M. Dorodchi, M. Valero, H. R. Arabnia, In- ternet of things for current COVID- 19 and future pandemics: an exploratory study, Journal of Healthcare Informatics Research 4 (4) (2020) 325-364.
1
doi:10.1007/ s41666-020-00080-6.

K. H. Abdulkareem, M. A. Mohammed, A. Salim, M. Arif, O. Geman, D. Gupta, Khanna, Realizando um sistema de diagnóstico COVID-19 eficaz baseado em aprendizado de máquina e IoT em ambiente hospitalar inteligente, IEEE Internet of Things Journal 8 (21)   (2021)   15919-15928. doi:10.1109/jiot.2021.3050775.

Chakraborty, A. Abougreen, Internet inteligente das coisas e técnicas avançadas de aprendizagem automática para a COVID-19, EAI Endorsed Transactions on Pervasive Health and Tech- nology (2018) 168505doi:10.4108/eai.28-1-2021.168505.

E. Elbasi, A. E. Topcu, S. Mathew, Previsão do risco COVID-19 em áreas públicas usando IoT e aprendizado de máquina, Electronics 10 (14) (2021) 1677.doi: 10.3390 / electronics10141677.

M. Imran, U. Zaman, Imran, J. Imtiaz, M. Fayaz, J. Gwak, Pesquisa abrangente de IoT, aprendizado de máquina e blockchain para aplicativos de saúde: Uma avaliação tópica para preparação para a pandemia, desafios e soluções, Electronics 10 (20) (2021) 2501.

doi:10.3390/electronics10202501.

T. A. Ahanger, U. Tariq, M. Nusir, A. Aldaej, I. Ullah, A. Sulman, um novo sistema de saúde baseado em nuvem IoT-fog para monitorar e prever a disseminação de COVID-19, The Journal of Supercomputing 78 (2) (2021) 1783-1806. doi: 10.1007 / s11227-021-03935-w.

L. Peng, J. Liu, W. Xu, Q. Luo, D. Chen, Z. Lei, Z. Huang,
X. Li, K. Deng, B. Lin,
1
Z. Gao, SARS-CoV-2 pode ser detectado em amostras de urina, sangue, esfregaços anais e esfregaços orofaríngeos, Journal of Medical Virology 92 (9) (2020) 1676-1680. doi:10. 1002/jmv.25936.

Y. Ling, S.-B. Xu, Y.-X. Lin, D. Tian, Z.-Q. Zhu, F.-H. Dai, F. Wu, Z.-G. Song,
W. Huang, J. Chen, B.-J. Hu, S. Wang, E.-Q. Mao, L. Zhu, W.-H. Zhang, H.-Z. Lu, Persistência e depuração do RNA viral em 2019 novos pacientes de reabilitação de doenças por coronavírus, Chinese Medical Journal 133 (9) (2020) 1039-1043. doi:10.1097/cm9. 0000000000000774.

H. Nomoto, M. Ishikane, D. Katagiri, N. Kinoshita, M. Nagashima, K. Sadamasu,
K. Yoshimura, N. Ohmagari, Manuseamento cauteloso da urina de pacientes com COVID-19 moderada a grave, American Journal of Infection Control 48 (8) (2020) 969-971. doi:10.1016/j.ajic.2020.05.034.

Gupta, A. Singh, estrutura de previsão de infeção urinária precoce usando o modelo de conjunto XGBoost no ambiente IoT-fog (fev 2022). doi: 10.21203 / rs.3.rs-1311498 / v1.

M. Bhatia, S. Kaur, S. K. Sood, sistema de banheiro inteligente inspirado na IoT para previsão de infeção de urina em casa, ACM Transactions on Computing for Healthcare 1 (3) (2020) 1-25. doi:10.1145/3379506.

T. J. Ge, C. T. Chan, B. J. Lee, J. C. Liao, S. min Park, banheiros inteligentes para monitorar surtos de COVID-19: diagnóstico passivo e saúde pública, npj Digital Medicine 5 (1) (mar 2022). doi: 10.1038 / s41746-022-00582-0.
1

S. SALAMA, A. M. EASSA, modelo de cadeia de blocos baseado em lote e na nuvem para o controlo da propagação da infeção por covid-19, Journal of Theoretical and Applied Information Technology 100 (1) (2022).

ToHas, A.; Carnerero, C.; Reche, C.; Massague, J.; Via, M. Alterações na qualidade do ar durante o confinamento em Barcelona (Espanha) um mês após a epidemia de SARS-CoV-2. Sci. Total. Environ. **2020**, 726, 138540. [Google Scholar] [CrossRef] [PubMed]

Saglietto, A.; D'Ascenzo, F.; Zoccai, G.B.; Ferrari, G.M.D. COVID-19 na Europa: A lição italiana. Lancet **2020**, 359, 1110-1111. [Google Scholar] [CrossRef]

Ministério da Saúde da República da Turquia. Disponível em linha: https://covid19.saglik.gov.tr/ (acedido em 25 de agosto de 2021).

Atalan, A. O confinamento é importante para prevenir a pandemia de COVID-19? Efeitos na perspetiva da psicologia, do ambiente e da economia. Ann. Med. Surg. **2020**, 56, 38-42. [Google Scholar] [CrossRef] [PubMed]

Rymer-Diez, A.; Roca-Millan, E.; Estrugo-Devesa, A.; Gonzalez-Navarro, B.; Lopez-Lopez, J. Confinamento por COVID-19 e Grau de Saúde Mental de uma Amostra de Estudantes de Ciências da Saúde. Healthcare **2021**, 9, 1756. [Google Scholar] [CrossRef] [PubMed]

Hsu, H.-C.; Chou, H.-J.; Tseng, K.-Y. Um estudo qualitativo sobre a experiência de cuidados dos enfermeiros do departamento de emergência durante a pandemia COVID-19. Healthcare **2021**, 9, 1759. [Google Scholar] [CrossRef]

Patel, K.; Patel, S.M. Internet of Things-IOT: Definição, características, arquitetura, tecnologias facilitadoras, aplicação e desafios futuros. Int. J. Eng. Sci. Comput. **2016**, 6, 6122-6131. [Google Scholar]

l

Bostan, S.; Erdem, R.; Ozturk, Y.E.; Kilic, T.; Yilmaz, A. O efeito da pandemia de COVID-19 na sociedade turca. Electr. J. Gen. Med. **2020**, 237, em237. [Google Scholar]

Ferretto, L.R.; Bellei, E.; Biduski, D.; Bin, L.C.; Moro, M.M. Um Sistema de Recomendação de Atividade Física para Pacientes com Hipertensão Arterial. Acesso IEEE **2020**, 8, 61656-61664. [Google Scholar] [CrossRef]

Pradhan, B.; Bhattacharyya, S.; Pal, K. Aplicações baseadas na IoT em dispositivos de cuidados de saúde. J. Healthc. Eng. **2021**, 2, 6632599. [Google Scholar] [CrossRef]

Aadil, F.; Mehmood, B.; Hasan, N.; Lim, S.; Ejaz, S. Monitorização remota da saúde utilizando uma rede corporal inteligente sem fios baseada na IoT. Comput. Mater. Contin. **2021**, 68, 2499-2513. [Google Scholar] [CrossRef]

Sheikh, F.; Li, X. Projeto de um sistema de rede de sensores sem fios utilizando Raspberry Pi e Arduino para aplicações de monitorização do ambiente. Procedia Comput. Sci. **2014**, 34, 103-110. [Google Scholar]

Fu, Y.; Liu, X. Conceção do sistema para um dispositivo de medição da saturação de oxigénio no sangue e do pulso. Procedia Manuf. **2015**, 3, 1187-1194. [Google Scholar] [CrossRef][Versão Verde]

Dananjayan, S.; Raj, G. Inteligência Artificial durante uma pandemia: O exemplo da COVID-19. Int. J. Health Plan. Manag. **2020**, 35, 1260-1262. [Google Scholar] [CrossRef] [PubMed]

Wallis, C. Como a inteligência artificial vai mudar a medicina. Nat. Artic. **2019**, 567, 48. [Google Scholar] [CrossRef]

Phan, M.H.; Hwang, K.Y.; Jimenez, V.O.; Muchharla, B. Monitorização em tempo real do progresso da COVID-19 utilizando sensores magnéticos e aprendizagem automática. Patente dos EUA 0369137 A1, 2 de dezembro de 2021. [Google Scholar]

[1]

Batageli, B.; Peer, P.; Stuc, V.; Dobrisek, S. Como detetar corretamente a máscara facial para a COVID-19 a partir de informação visual? Appl. Sci. **2021**, 11, 2070. [Google Scholar] [CrossRef]

Larxel. Conjunto de dados de deteção de máscaras faciais. Disponível online: https://www.kaggle.com/andrewmvd/face-mask-detection (acedido em 5 de maio de 2021).

Nagrath, P.; Jain, R.; Madan, A.; Arora, R.; Kataria, P.; Hemanth, J. SSDMNV2: Um sistema de deteção de máscaras faciais baseado em DNN em tempo real utilizando um detetor multibox de disparo único e MobileNetV2. Sustentar. Cities Soc. **2021**, 66, 102692-102710. [Google Scholar] [CrossRef]

Jiang, X.; Gao, T.; Zhu, Z.; Zhao, Y. Método de deteção de máscara facial em tempo real baseado em YOLOv3. Eletrónica **2021**, 10, 837. [Google Scholar] [CrossRef]

Loey, M.; Manogaran, G.; Taha, M.H.; Khalifa, N.E. Fighting against COVID-19: Um novo modelo de aprendizagem profunda baseado em YOLO-v2 com ResNet-50 para deteção de máscara facial médica. Sustain.

Cities Soc. **2020**, 65, 102600. [Google Scholar] [CrossRef]

Elmenreich, W. Uma introdução à fusão de sensores. Vienna Univ. Technol. Áustria **2002**, 502, 1-28. [Google Scholar].

Wang, R.; Shen, M.; Li, T.; Gomes, S. Classificação de representação esparsa conjunta multitarefa baseada na aprendizagem de dicionário por discriminação de Fisher. CMC Comput. Mater. Contin. **2018**, 57, 25-48. [Google Scholar] [CrossRef]

Alatise, M.; Hancke, G. Uma revisão sobre os desafios do robô móvel autónomo e dos métodos de fusão de sensores. IEEE Access **2020**, 8, 39830-39846. [Google Scholar] [CrossRef]

Kelechi, A.; Alsharif, M.; Agbaetuo, C.; Ubadike, O.; Aligbe, A. Conceção de um sistema de monitorização da qualidade do ar de baixo custo utilizando Arduino e ThigSpeak. Comput. Mater. Contin. **2021**, 70, 151-169. [Google Scholar] [CrossRef]

Enea, C.; Charlotte, F.; Bam, S.; Gemma, T.; Lyes, K. Reconhecimento mão-gesto baseado em EMG e fusão de sensores de câmara baseada em eventos: Uma referência em Computação Neuromórfica. Front. Neurosci. **2020**, 14, 637. [Google Scholar]

Lee, D.; Kang, J.; Dahouda, M.K.; Joe, I.; Lee, K. DNT-SMTP: Um novo protocolo de transferência de correio com interacções minimizadas para a Internet espacial. Em Proceedings of the 20th International Computational Science and Its Applications, Cagliari, Itália, 1-4 de julho de 2020. [Google Scholar]

Razali, R.A.B.; Hashim, I.B.; Mohamed, R.B.; Raj, M.A. Desenvolvimento de um protótipo de aquário inteligente: Sistema de temperatura da água para camarão. Adv. Sci. Lett. **2018**, 24, 773-776. [Google Scholar]

Sandler, M.; Howard, A.; Zhu, M.; Chen, L. MoboleNetV2: Resíduos invertidos e estrangulamentos lineares. Nos Anais da Conferência IEEE sobre Visão Computacional e Reconhecimento de Padrões, Salt Lake City, UT, EUA, 18-22 de junho de 2018. [Google Scholar]

Maques, G.; Pitarma, R. Sistema de aquisição de temperatura por infravermelhos sem contacto baseado na Internet das Coisas para monitorização de actividades laboratoriais. Procedia Comput. Sci. **2019**, 155, 487-494. [Google Scholar] [CrossRef]

Bassam, N.; Hussain, S.A.; Qaraghuli, A.; Khan, J.; Sumesh, E.P.;

Lavanya, V. Dispositivo wearable baseado na IoT para monitorizar os sinais de doentes remotos em quarentena da COVID-19. Inform. Med. Unlocked **2021**, 24, 100588. [Google Scholar] [CrossRef] [PubMed]

Shinde, R.; Choi, M. Um sistema experimental de monitoramento de saúde usando dispositivos vestíveis e IoT. Em Proceedings of the 2021 Winter ¹ Comprehensive Conference of the Korea Telecommunications Society, Pyeongchang, Coreia, 3-5 de fevereiro de 2021. [Google Scholar]

Shinde, R.; Alam, M.S.; Choi, M.; Kim, N. Oxímetro de pulso econômico e vestível usando IoT. Em Proceedings da 16ª Conferência Internacional sobre Ciência da Computação e Educação (ICCSE), Lancaster, Reino Unido, 17-21 de agosto de 2021. [Google Scholar]

Saha, S.; Singh, A.; Bera, P.; Kamal, M.; Dutta, S. Sistema robótico de vigilância espião inteligente baseado em GPS usando Raspberry Pi para aplicação de segurança e sensoriamento remoto. Nos Anais da 8ª Conferência Anual de Tecnologia da Informação, Eletrônica e Comunicação Móvel do IEEE, Vancouver, BC, Canadá, 3-5 de outubro de 2017. [Google Scholar]

Revista da Universidade da Califórnia em São Francisco. Disponível online: https://www.ucsf.edu/magazine/covid-hearts (acedido em 29 de julho de 2021).

David P. Clark, Nanette J. Pazdernik, "Biological Warfare: Infectious Disease and Bioterrorism", *Science Direct*, *Biotechnology (Second Edition)*, pp. 687-719, 2016, disponível em https://doi.org/10.1016/B978-0-12-385015-7.00022-3, acedido em 5 de maio de 2016.

Miroslav Pohanka, "Current Trends in the Biosensors for Biological Warfare Agents Assay", *Materials (Basel),* Vol. 12, No. 14, 230318, julho de 2019, doi:10.3390/ma12142303, disponível em https://pubmed.ncbi.nlm.nih.gov/31323857/ (doi:10.3390/ma12142303), acedido em 30 de maio de 2021.

Carrie Clickard, *The Internet of Things (A Internet das Coisas)*. Chicago, IL: Norwood House Press, 2019.

A. Egli, J. Schrenzel, G. Grueb, "Digital microbiology", Clinical Microbiology and Infection, 27 de junho de 2020, disponível em https://www.clinicalmicrobiologyandinfection.com/article/S1198-743X(20)30367-0/pdf acedido em 2 de maio de 2021

Luz CF, 'Machine learning in infection management using routine electronic health records: tools, techniques, and reporting of future technologies', *Clin Microbiol Infect* 2020, vol. 26, no. 1291e9, disponível em https://doi.org/10.1016/ j.cmi.2020.02.003.

Abdullahi Umar Ibrahim, Fadi Al-Turjman , Zubaida Sa'id, Mehmet Ozsoz, "Futuristic CRISPR-based biosensing in the cloud and internet of things era: An Overview", *Springer Nature*, 2020, disponível em https://doi.org/10.1007/s11042-020-09010-5, acedido em 29 de abril de 2021 Rohan Malhotra, Nano Tech: An Emerging Field In Indian Army's Strategic Defence", Society for the Study of Peace and Conflict, *SSPC Monograph Series No. 1*, julho de 2019, disponível em https://sspconline.org/sites/default/files/2019-07/SSPC-Monograph-1-NanoTech-%20RMalhotra 1.pdf, acedido em 4 de maio de 2021.

Miroslav Pohanka, "Tendências atuais nos biossensores para o ensaio de agentes de guerra biológica", *Materials (Basileia),* Vol. 12, N.º 14 230318 julho de 2019, doi:10.3390/ma12142303, disponível em https://pubmed.ncbi.nlm.nih.gov/31323857/, acedido em 30 de maio de 2021. Relatório de estudo de consenso,'National Academies of Sciences, Engineering, and Medicine 2018'. *Biodefesa na era da biologia sintética.* Washington, DC, The National Academies Press, 2018, disponível em https://doi.org/10.17226/24890, acedido em 30 de abril de 2021.

James J Walters, Karen F Fox, A Fox, "Mass spectrometry and tandem mass spectrometry, alone or after liquid chromatography, for analysis of polymerase chain reaction products in the detection of genomic variation", *Journal of Chromatography* B, Vol. 782, Vol. 1, No.2, 2002, pp. 57-66, ISSN 1570-0232,

disponível em https://doi.org/10.1016/S1570-0232(02)00563-9. (https://www.sciencedirect.com/science/article/pii/S1570023202005639), acedido em 3 de maio de 2021

The National Academies Press, "Biodefense in the Age of Synthetic Biology", *The National Academies of Sciences, Engineering, Medicine*, 2018, disponível em https://www.nap.edu/download/24890 acedido em 3 de maio de 2021.

[1]

Severe Acute Respiratory Syndrome (SARS)", *Organização Mundial de Saúde,* disponível em https://www.who.int/health-topics/severe- acute-respiratory-syndrome#tab=tab 1, acedido em 29 de abril de 2021.

Nicole Jawerth, "How is the COVID-19 virus detected using real time RT-

PCR?", *IAEA Bulletin*, junho de 2020, disponível em https://www.iaea.org/bulletin/infectious-diseases/how-is-the-covid-19-virus-detected-using-real-time-rt-pcr, acedido em 2 de maio de 2021.

Hanliang Zhu, Pavel Podesva, Xiaocheng Liu, Haoqing Zhang, Tomas Teply, Ying Xu, Honglong Chang, Airong Qian, Yingfeng Lei, Yu Li, Andreea Niculescu, Ciprian Iliescu e Pavel Neuzi, "IoT PCR for pandemic disease detection and its spread monitoring", *Biblioteca Nacional de Medicina dos EUA*

National Institutes of Health, 11 de setembro de 2019, disponível em https://www.ncbi.nlm.nih.gov/pmc/articles/PMC7125887/ acedido em 3 de maio de 2021

"CRISPR: A game-changing genetic engineering technique", *Universidade de Harvard*, 31 de julho de 2014, disponível

Em https://sitn.hms.harvard.edu/flash/2014/crispr-a-game-changing-genetic-engineering-technique/, acedido em 4 de maio de 2021

Stew Magnuson, "National Security Implications of Gene Editing", *National Defence, NDIA's Business and Technology Magazine,* 26 de março de 2019, disponível em https://www.nationaldefensemagazine.org/articles/2019/3/26/editors-notes-national-security-implications-of-gene-editing acedido em 30 de abril de 2021.

Asamanya Mohanty, "Internet of Bodies

(IoB) estende a Internet das Coisas (IoT) - Redefine o futuro da biónica e dos sistemas incorporados", Scrabbl, disponível

Em https://www.scrabbl.com/internet-of-bodies-iob-extends-internet-of-things-iot--redefines-future-of-bionics-and-embedded-systems, acedido em 3 de maio de 2021

1

Bhokisham, VanArsdale, Stephens, "A redox-based electrogenetic CRISPR system to connect with and control biological information networks", *Nature Communication*, Vol. 11, No. 2427, 2020, https://doi.org/10.1038/s41467-020-16249-x, disponível em https://bioengineeringcommunity.nature.com/posts/internet-of-bodies-iob-using-crispr-to-electrically-connect-with-and-control-the-genome acedido em 30 de abril de 2021.

Mary Lee, Benjamin Boudreaux, Ritika Chaturvedi, Sasha Romanosky, Bryce Downing, *The Internet of Bodies: Opportunities, Risk and*

Governance, 2020, ISBN: 978-1-9774-0522-7, availableat https://www.rand.org/content/dam/rand/pubs/research_reports/RR3200/RR3226/RAND_RR3226.pdf, acedido em 1 de maio de 2021

F. Abbott, A. Johnson, S. Prior e Donald Steiner, "Plataforma tecnológica integrada para a guerra biológica (IBWTP). Intelligent Software Supporting Situation Awareness, Response, and Operations", *Semantic Scholar*, 2007, disponível em https://www.semanticscholar.org/paper/Integrated-Biological-Warfare-Technology-Platform-Abbott-Johnson/6e48c45c09ca657d9213ac241ad4d74c352fabec , acedido em 29 de abril de 2021

Bernard Marr, "Artificial Intelligence Explained: What Are Generative Adversarial Networks (GANs)?", *Forbes*, 12 de junho de 2019, disponível em https://www.forbes.com/sites/bernardmarr/2019/06/12/artificial-intelligence-explained-what-are-generative-adversarial-networks-gans/?sh=3b886f917e00 , acedido em 4 de maio de 2021.

Karin Koogan, Breitman Marco, Antonio Casanova, Walter Truszkowski, *Semantic Web: Concepts, Technologies and Applications*, parte da série de livros NASA Monographs in Systems and Software Engineering (NASA), 2007, ISBN: 978-1-84628-581-3, disponível em https://doi.org/10.1007/978-1-84628-710-7

Ramesh C, Gupta D, Thavaselvam, Swaran S. Flora, "Chapter 30 - Chemical and biological warfare agents", Biomarkers in Toxicology, Academic Press, ı 2014, pp. 521-538, ISBN 9780124046306, disponível em https://doi.org/10.1016/B978-0-12-404630-6.00030-0 acedido em 3 de maio de 2021

David Thaler, Michael Head, Andrew Horsley, "Precision public health to inhibit the contagion of disease and move toward a future in which microbes spread health", *BMC Infectious Diseases*, 06 de fevereiro de 2019, disponível em https://doi.org/10.1186/s12879-019-3715-y acedido em 2 de maio de 2021.

Chiribella, G.; D'Ariano, G.M.; Perinotti, P. Teoria quântica, nomeadamente a teoria pura e reversível da informação. Entropia **2012**, 14, 1877-1893. [CrossRef]

Ghonaimy, M.A. Uma visão geral dos sistemas de informação quântica. Em Actas da IEEE-8ª Conferência Internacional sobre
Computer Engineering & Systems (ICCES), Cairo, Egipto, 26-28 de novembro de 2013. [CrossRef]

Eisert, J.; Hangleiter, D.;Walk, N. Certificação quântica e avaliação comparativa. Nat. Rev. Phys. **2020**, 2, 382-390. [CrossRef]

Cioffi, R.; Travaglioni, M.; Piscitelli, G.; Petrillo, A.; De Felice, F. Inteligência artificial e aplicações de aprendizagem automática em sistemas inteligentes
produção: Progress, trends, and directions. Sustainability **2020**, 12, 492. [CrossRef].

Prati, E. Hardware neuromórfico quântico para inteligência artificial quântica. J. Phys. Conf. **2017**, 880, 012018. [CrossRef]

Siewert, C.D.; Haas, H.; Cornet, V.; Nogueira, S.S.; Nawroth, T.; Uebbing, L.;
Ziller, A.; Al-gousous, J.; Radulescu, A.; Schroer,M.A.; et al.
Biopolímero híbrido e nanopartículas lipídicas com eficácia de transfecção melhorada formRNA. Cells **2020**, 9, 2034. [CrossRef]

MODERNA. mRNA platform, A mRNA vaccine against SARS-CoV-2-Preliminary Report. N. Engl. J. Med. **2020**, 383, 1920-1931. Disponível online: https://www.nejm.org/doi/full/10.1056/nejmoa2022483 (acedido em 26 de dezembro de 2020). [CrossRef]

I
Instituto IBM para o Valor Empresarial. Percepções de especialistas sobre a exploração de casos de utilização da computação quântica para a descodificação das ciências da vida
Segredos dos Genomas, Fármacos e Proteínas. 2020, pp. 1-8. Disponível online: https://www.ibm.com/downloads/cas/EVBKAZGJ
(acedido em 26 de dezembro de 2020).

MIT Technology Review. Tecnologia Emergente - os cientistas que estão a Criar uma Bio-Internet das Coisas. 2019. Disponível online:
https://www.technologyreview.com/2019/11/01/132100/the-cientistas-que-estão-a-criar-a-bio-internet-das-coisas/

(acedido em 26 de dezembro de 2020).

Almazrouei, E.; Shubair, R.M.; Saffre, F. Internet das nano coisas: Conceitos e aplicações. arXiv **2018**, arXiv:1809.08914.

Disponível em linha: http://arxiv.org/pdf/1809.08914.pdf (acedido em 26 de dezembro de 2020).

Kim, R.; Poslad, S. The Thing with E. coli: Destacando oportunidades e desafios da integração de bactérias na IoT e

HCI. arXiv **2020**, arXiv:1910.01974. Disponível online: https://arxiv.org/ftp/arxiv/papers/1910/1910.01974.pdf (acedido em 26 de dezembro de 2020).

Falkenberg, E.D.; Lyytinen, K.; Verrin-Stuart, A.A. Limitações da informação

Teoria e prática dos sistemas: Um Caso para o Pluralismo

Conceitos de Sistemas de Informação © IFIP International Federation for Information Processing. 1995, pp. 14-15. Disponível em linha: http://eprints.lse.ac.uk/2579/1/ISwhatsortofscience.pdf (acedido em 11 de dezembro de 2020).

Lombardi, O.; Holikb, F.; Vanni, L. O que é a informação quântica? Stud. Hist. Philos. Mod. Phys. **2016**, 56, 17-26. [CrossRef]

Aquilani, B.; Piccarozzi, M.; Abbate, T.; Codini, A. O papel da inovação aberta e da co-criação de valor na desafiante transição da Indústria 4.0 para a Sociedade 5.0: Toward a Theoretical Framework. Sustainability **2020**, 12, 8943. [CrossRef] Nord, J.H.; Koohangand, A.; Paliszkiewicz, J. The Internet i

das coisas: Revisão e enquadramento teórico. Expert Syst. Appl. **2019**, 133, 97-108. [CrossRef]

Hassan, N.R.; Mathiassen, L.; Lowry, P.B. O processo de teorização dos sistemas de informação como uma prática discursiva. J. Inf. Technol. **2019**, 34, 198-220. [CrossRef]

Lim, S.; Saldanna, T.J.V.; Malladl, S.; Melville, N.P. Teorias usadas na pesquisa de sistemas de informação: Insights from complex network analysis. J. Inf. Technol. Theory Appl. **2013**, 14, 5-46.

Printed by Books on Demand GmbH, Norderstedt / Germany